Ollo Théophile Dibloni

Activités anthropiques et dynamique de la faune sauvage

Ollo Théophile Dibloni

Activités anthropiques et dynamique de la faune sauvage

Cas de Hippopotamus amphibius L. dans la Réserve de Biosphère de la Mare aux Hippopotames du Burkina Faso

Presses Académiques Francophones

Impressum / Mentions légales
Bibliografische Information der Deutschen Nationalbibliothek: Die Deutsche Nationalbibliothek verzeichnet diese Publikation in der Deutschen Nationalbibliografie; detaillierte bibliografische Daten sind im Internet über http://dnb.d-nb.de abrufbar.
Alle in diesem Buch genannten Marken und Produktnamen unterliegen warenzeichen-, marken- oder patentrechtlichem Schutz bzw. sind Warenzeichen oder eingetragene Warenzeichen der jeweiligen Inhaber. Die Wiedergabe von Marken, Produktnamen, Gebrauchsnamen, Handelsnamen, Warenbezeichnungen u.s.w. in diesem Werk berechtigt auch ohne besondere Kennzeichnung nicht zu der Annahme, dass solche Namen im Sinne der Warenzeichen- und Markenschutzgesetzgebung als frei zu betrachten wären und daher von jedermann benutzt werden dürften.

Information bibliographique publiée par la Deutsche Nationalbibliothek: La Deutsche Nationalbibliothek inscrit cette publication à la Deutsche Nationalbibliografie; des données bibliographiques détaillées sont disponibles sur internet à l'adresse http://dnb.d-nb.de.
Toutes marques et noms de produits mentionnés dans ce livre demeurent sous la protection des marques, des marques déposées et des brevets, et sont des marques ou des marques déposées de leurs détenteurs respectifs. L'utilisation des marques, noms de produits, noms communs, noms commerciaux, descriptions de produits, etc, même sans qu'ils soient mentionnés de façon particulière dans ce livre ne signifie en aucune façon que ces noms peuvent être utilisés sans restriction à l'égard de la législation pour la protection des marques et des marques déposées et pourraient donc être utilisés par quiconque.

Coverbild / Photo de couverture: www.ingimage.com

Verlag / Editeur:
Presses Académiques Francophones
ist ein Imprint der / est une marque déposée de
AV Akademikerverlag GmbH & Co. KG
Heinrich-Böcking-Str. 6-8, 66121 Saarbrücken, Deutschland / Allemagne
Email: info@presses-academiques.com

Herstellung: siehe letzte Seite /
Impression: voir la dernière page
ISBN: 978-3-8381-7195-1

DEDICACE

Je dédie cette thèse à :

- Mon épouse Ini Yvette pour son amour, son courage et son soutien multiforme ;
- Mes enfants Yéri Noëlie Eliane, Oho Esther et Ini Olivia qui m'ont fourni l'endurance nécessaire pour la conduite de cette étude ;
- Mon père, Gborontoté MOMO, arraché en novembre 1984 alors que je me préparais pour mon baccalauréat ;
- Ma mère, Irètona DIBLONI, pour ses multiples sacrifices ;
- Mon oncle Yanoté MOMO pour ses encouragements durant mes différents cycles de formation.

Remerciements

Au terme de ce travail qui a eu pour cadre la Réserve de Biosphère de la Mare aux Hippopotames (RBMH) du Burkina Faso, je tiens à remercier mon enseignant à l'Institut du Développement Rural (IDR) de l'Université de Ouagadougou le Pr Wendengoudi GUENDA. En acceptant de diriger cette thèse, il m'a accueilli dans son Laboratoire de Biologie et Ecologie Animales de l'Université de Ouagadougou. Malgré ses multiples occupations, il s'est montré toujours disponible en m'accompagnant sur le terrain de recherche et en me prodiguant des conseils qui ont concouru à la présentation de cette thèse. Qu'il trouve ici l'expression de mes sincères reconnaissances.

Mes remerciements vont à l'endroit de tous ces éminents Professeurs dont j'ai l'honneur d'avoir comme membres du jury de cette thèse. Il s'agit du :

- Professeur Laya SAWADOGO, Directeur du Laboratoire de Biologie et Physiologie Animales, qui a accepté malgré ses multiples occupations de présider le présent jury ;

- Professeur Gustave B. KABRE, mon enseignant à l'Institut du Développement Rural (IDR) de l'Université de Ouagadougou, qui a accepté malgré ses multiples charges d'évaluer la présente thèse et d'être membre du jury ;

- Professeur Cédric Vermeulen, du Laboratoire de Foresterie des Régions Tropicales et Subtropicales à l'Unité de Gestion des Ressources Forestières et des Milieux Naturels de Gembloux Agro-Bio-Tech/ULG pour sa grande contribution à la rédaction des manuscrits d'articles qui ont été publiés dans des revues scientifiques et pour avoir mis à notre disposition la documentation nécessaire pour la rédaction de cette thèse. Il a en outre accepté faire le rapport de cette thèse et être membre du jury d'examen ;

- Professeur Jean Noël PODA, mon enseignant à l'Institut du Développement Rural (IDR) de l'Université de Ouagadougou. En sa qualité de Point Focal du Comité national burkinabè de « l'Homme et la Bisophère », en anglais « Man and Biosphere (MAB) » et Coordonnateur national des projets régionaux « Renforcement des capacités scientifiques et techniques pour une gestion effective et une utilisation durable de la diversité biologique dans les Réserves de Biosphère des zones arides et semi arides d'Afrique de l'Ouest » et « Sustainable Management of Marginal Aride Dry land (SUMAMAD) », il a accepté m'inscrire pour cette formation doctorale et a facilité la récolte de mes données de recherche dans la Réserve de Biosphère de la Mare aux Hippopotames (RBMH). Il n'a cessé de me rappeler à la réalisation efficace de cette thèse. Malgré ses multiples occupations, il a accepté d'évaluer le présent mémoire de thèse et d'être membre de jury.

Durant ces années d'études, nous avons eu à bénéficier de plusieurs contributions et à ce titre, je tiens à remercier très sincèrement:
- Le Délégué Général du CNRST et le Directeur de l'INERA qui ont bien voulu autoriser la présente formation ;
- Le Président de l'Université de Ouagadougou, le Directeur de l'UFR/SVT et tout le personnel académique pour l'accueil durant ces années de formation ;
- Docteurs Nessan Désiré Coulibaly, Asimi Salawu, Souleymane Ganaba et Louis Sawadogo pour leurs critiques et suggestions qui nous ont permis d'améliorer le contenu des manuscrits d'articles publiés et soumis ;
- Monsieur Soulama Sibiri, pastoraliste au Département Productions Forestières de l'INERA pour la relecture du manuscrit de cette thèse ;
- Dr Sébastien Kièma, Chef de la station de Recherche de l'INERA à Banfora qui a contribué à l'identification des échantillons d'herbacées récoltées ;
- Messieurs Amadé Junior Ouédraogo, Alfred Nicolas Millogo et Vitor Gaulané respectivement ex-coordonnateur, écologue et animateur de l'UCF des Hauts Bassins pour leur précieuse collaboration dans le cadre des différents inventaires de la faune sauvage mammalienne ;
- Messieurs Lassana Yves Traoré et Mahama Mathias Ouédraogo respectivement Directeur Régional de l'Environnement et du Cadre de Vie (DRECV) des Hauts Bassins et Directeur Provincial de l'Environnement et du Cadre de Vie (DPECV) du

Houet qui n'ont ménagé aucun effort pour mes différents déplacements dans la RBMH dès mon arrivée à Bobo Dioulasso ;

- Le Pr W. DELVINGT notre promoteur du Travail de Fin d'Etudes de DEA à la FUSAGx qui a conduit mes premiers pas à la recherche sur la grande faune sauvage mammalienne ;

- Le Pr Jean Louis Doucet Responsable du Laboratoire de Foresterie des régions tropicales et subtropicales de l' Unité de Gestion des Ressources Forestières et des Milieux Naturels de Gembloux Agro-Bio-Tech/ULG, alors assistant à l'unité de sylviculture pendant la réalisation de mon DEA pour son soutien, qui a sollicité les services du Pr Vermeulen pour la conduite de cette thèse ;

- Docteurs Jean Marie Ouadba, Sibiri Jean Ouédraogo, Jules Bayala et Mamounata BELEM/OUEDRAOGO du Département Productions Forestières pour leurs encouragements et leurs soucis permanents à voir l'aboutissement de ce travail ;

- Docteurs Babou André Bationo, Mahama K. Ouédraogo, Josias Sanou et Madame Pascaline Coulibaly du CREAF de Kamboinsé pour leur encouragement et le soutien apporté pour l'acquisition de matériels didactiques ;

- Docteurs Tiby Gilbert Guissou, Patrice Sawadogo, Didier Zida et Mahamadi Dianda pour leurs critiques et l'analyse statistique des données ;

- Messieurs Lucien Ouédraogo, Oumar Kaboré et Moumouni Nabaloum de la Cellule de Télédétection et d'Information Géographiques (CTIG) de l'INERA), pour la conception et l'élaboration de différentes cartes ;

- Dr Adama Ouéda et les étudiants du Labratoire de Biologie et Ecologie Animales de l'UFR/SVT pour leurs accueils lors de mes passages au laboratoire;

- Les techniciens du Département Productions Forestières, j'ai cité Ouattara Issouf (in memorium), Koura S. Paulin, Ouédraogo Karim et Sedogo T. Paul pour leurs apports dans la récolte de données ;

- Mesdames Juliette Koné, Mireille Karambiri et messiuers Issa Ouédraogo, Herman K. Somda pour la traduction des résumés d'articles en anglais ;

iv

- Monsieur Zossoun Millogo (Président de l'AGEREF), les surveillants de la réserve, les pêcheurs de la Mare et les populations des villages riverains pour leur collaboration pendant les enquêtes et les inventaires ;

- Les membres de la cellule de prière des secteurs 20, 21 et 22 de ainsi que les Pasteurs de l'Eglise Centrale des Assemblées de Dieu de Ouagadougou pour le soutien spirituel ;

- Nos parents et amis qui, d'une manière ou d'une autre, nous ont toujours soutenu.

Que tous ceux qui, de près ou de loin, ont participé soit moralement ou matériellement à ma formation doctorante à l'UFR/SVT de l'Université de Ouagadougou, trouvent ici l'expression de ma profonde gratitude.

TABLE DES MATIERES

Sigles et abréviations

AGEREF	:	Association inter villageoise de Gestion des ressources Forestières et Fauniques
Bunasols	:	Bureau National des Sols
CITES	:	Convention Internationale sur le commerce des Espèces de faune et de flore Sauvages menacées d'extinction
CNRST	:	Centre National de la Recherche Scientifique et Technologique
CREAF	:	Centre de Recherches Environnementale, Agricole et de Formation
CTIG	:	Cellule de Télédétection et d'Informations Géographiques
DPECV	:	Direction Provinciale de l'Environnement et du Cadre de Vie
DRECV	:	Direction Régionale de l'Environnement et du Cadre de Vie
ENGREF	:	Ecole Nationale du Génie Rural des Eaux et Forêts
FUSAGx	:	Faculté Universitaire des Sciences Agronomiques de Gembloux
INERA	:	Institut de l'Environnement et des Recherches Agricoles
INSD	:	Institut National de la Statistique et de la Démographie
IRBET	:	Institut de Recherche en Biologie et Ecologie Tropicale
MAB	:	Man And Biosphere
MECV	:	Ministère de l'Environnement et du Cadre de Vie
MEE	:	Ministère de l'Environnement et de l'Eau
PAGEN	:	Projet de Partenariat sur l'Amélioration et la Gestion des Ecosystèmes Naturels
RAF	:	Reforme Agraire et Foncière
RBMH	:	Réserve de Biosphère de la Mare aux Hippopotames
SP/CONAGESE	:	Secrétariat Permanant du Conseil National pour la Gestion de l'Environnement
SUMAMAD	:	Sustainable Managment and Marginal Dry land
UCF/HB	:	Unité de Conservation de la Faune des Hauts Bassins
UFR/SVT	:	Unité de Formation et de Recherches en Sciences de la Vie et de la Terre
UICN	:	Union Internationale pour la Conservation de la Nature
UNESCO	:	Organisation des Nations Unies pour l'Education, la Science et la Culture
ULG	:	Université de Liège/Belgique

Liste des annexes

Liste des Cartes

Liste des planches photographiques

Liste des figures

Liste des tableaux

Résumé

Les activités anthropiques conduites à la lisière et à l'intérieur de la Réserve de Biosphère de la Mare aux Hippopotames (RBMH) constituent un danger pour la durabilité des potentialités animales et végétales de la réserve et surtout de l'hippopotame commun (*Hippopotamus amphibius* L.) dont elle tire son nom. L'étude de l'impact des activités anthropiques sur la dynamique de la faune sauvage dans cette réserve a visé à approfondir les connaissances sur le potentiel en espèces fauniques et particulièrement l'hippopotame ; ceci, dans le but de mettre au point un système de gestion qui implique les populations villageoises riveraines de la réserve. Cette étude a consisté au suivi des mammifères sauvages, à des enquêtes sur les relations entre la faune sauvage et les populations villageoises, au dénombrement des hippopotames, à l'inventaire spécifique et à l'estimation de la productivité des zones de parcours de ces hippopotames.

Les inventaires pédestres des mammifères sauvages effectués de 2004 à 2007 ont permis de recenser 24 espèces. L'effectif total de ces espèces, excepté l'hippopotame, est passé de 45 individus en 2004 à 94 individus en 2007. Cet accroissement pourrait s'expliquer par la surveillance assurée par l'AGEREF en collaboration avec les services de l'environnement.

Les enquêtes conduites dans six villages riverains ont permis d'inventorier 11 activités économiques dont les plus importantes sont l'agriculture, l'élevage, la surveillance de la réserve et la pêche pratiquées respectivement par 100 %, 32%, 14% et 8% de la population riveraine de la réserve. Cette réserve renfermait 35 espèces de faune sauvage mais quelques unes d'elles (le céphalophe à flanc roux, le bubale, le buffle, le lion et le léopard) ont disparu. Ces populations riveraines reconnaissent qu'outre les valeurs socio-économiques, culturelles et touristiques des hippopotames, ces animaux participent au maintien de la biodiversité et à la fertilisation de la mare pour la production de poissons.

Les inventaires d'hippopotames ont permis de dénombrer 37 têtes en 2006 et 41 têtes en 2008 réparties en 3 troupeaux distincts. Ces hippopotames empruntent au moins 8 pistes de sorties situées sur chaque rive de la mare pour se rendre dans les gagnages. Aussi, 4 mares temporaires situées à proximité des prairies aquatiques ont été identifiées et constitueraient de zones de migration pour les hippopotames pendant la saison pluvieuse. Ces zones étaient entourées par des champs qui étaient souvent saccagés par ces mammifères pour leur alimentation.

L'inventaire spécifique réalisé dans 4 gagnages a permis de recenser 92 espèces végétales. Parmi les espèces recensées, 42 d'entre elles constituaient le fourrage des hippopotames. La productivité des gagnages dans la zone d'influence des hippopotames en saison sèche a été estimée à 3119,778 Kg /ha de biomasse fraîche ; soit une production totale de 4617,271 t. Cette production pourrait entretenir 128 hippopotames durant la période sèche qui dure 8 mois. La production fourragère des gagnages de la réserve offre ainsi d'énormes possibilités d'accueil des hippopotames.

Impacts of human activities on the dynamics of wildlife within the biosphere reserve of the « Mare aux Hippopotames » in the south-sudanian zone of Burkina Faso: case of *Hippopotamus amphibius L.*

Abstract

Human activities constitute a threat to the sustainability of animal and vegetation species, and more importantly the common hippopotamus (*Hippopotamus amphibius* L.), inside and outside the Biosphere Reserve of the "Mare aux Hippopotames". The present study focused on the impact of human activities on the dynamics of wildlife in the reserve and aimed at improving knowledge about the potential of the fauna, particularly hippopotamus, to promote integrated management system involving adjacent population. The study consisted of monitoring the wild mammals, detecting the relationships between fauna and riparian people, and inventorying the hippopotamus as well as the fodder productivity in the reserve.

Results from the wild mammal inventories between 2004 and 2007 exhibited 24 species in the reserve. A part from the hippopotamus, the total number of mammals shifted from 45 in 2004 to 94 in 2007. This increase could be explained by the monitoring system promoted by AGEREF in collaboration with local environment offices.

Interviews with local population of the six surrounding villages revealed that 11 economical activities are undertaken in the area, from which agriculture, breeding, supervision of the reserve, and fishing remain the most important occupying 100%, 32%, 14% and 8% of the population, respectively. The reserve contained 37 wild animal species but some of them (red side duiker, hartebeest, buffalo, lion and leopard) have disappeared. According to the local people, in addition to the socioeconomic, cultural and touristic roles, the hippopotamus contribute to the biodiversity conservation in the reserve and fertilize the ponds for fish reproduction.

The inventory showed 35 hippopotamus in 2006 and 41 hippopotamus in 2008 distributed into three flocks. They use eight paths along the ponds to move out of the reserve. Four nearby temporary ponds were identified to serve as their migration zones during rainy seasons. These zones are next to cultivated areas; therefore crops are subjected to destruction by the mammals.

The inventory of the vegetation along the frequented areas showed 92 species, from which 42 are preferably grazed by the hippopotamus. The grazing areas produce about 3119.778 Kg/ha of biomass during dry seasons. This amount of biomass can maintain 128 hippopotamus in life during the long dry season (8 months), thus offering important pulling force to mammals.

Key-words: Wildlife, Hippopotamus, Ethnozoology, Biosphere reserve, "Mare aux Hippopotames", Burkina Faso.

Introduction générale

Contexte et justification

Les aires protégées à vocation faunique, dans leur large acceptation, regroupent les parcs nationaux, les réserves totales et partielles, les ranchs de gibier, etc. (Vermeulen, 2001). Ces aires visent tout d'abord des objectifs de conservation des espèces, de leur variabilité génétique et puis le maintien des processus naturels et des écosystèmes qui entretiennent la vie (Mengué-Médou, 2002). C'est dans cette optique que fut créé le premier parc naturel à Yellowstone aux Etats Unis en 1872 (Aka. *et al.* 1981). En Afrique, les plus anciennes aires protégées se trouvent en Afrique anglo-saxonne. Ces aires sont le Parc national de Kruger en Afrique du Sud et le Parc d'Etosha Pan en Namibie issus de réserves de faune créées respectivement en 1898 et en 1904 (Giraut *et al.*, 2005). Le premier parc de l'Afrique francophone fut le Parc National des Virunga alors appelé Parc Albert créé en 1925 en République Démocratique du Congo (Languy, 2005).

Vu l'importance de ces aires pour la conservation de la diversité biologique, beaucoup de pays africains, avec l'appui des Organisations Non Gouvernementales (ONGs) locales et internationales et des clubs de la nature, ont créé plusieurs sites d'aires protégées dans leurs territoires. Ainsi, on dénombre jusque dans les années 1990, 645 sites d'aires protégées couvrant plus de 2,4 millions de km² soit environ 5,2 % du continent africain (UICN, 1999). Cependant, ce taux moyen de couverture est très variable suivant les pays (Chardonnet, 1995). En effet, dans 40 pays situés au sud du Sahara, il est de:

- 0 à 5 % du territoire dans 16 pays ;
- 5 à 10 % du territoire dans 13 pays ;
- 10 à 1 5 % du territoire dans 9 pays
- 15 à 20 % du territoire dans 2 pays.

1

En Afrique de l'ouest, on dénombre plusieurs aires protégées dont certaines ont été classées Réserves de Biosphère et appartiennent au patrimoine mondial de l'UNESCO (Sournia, 1990). C'est le cas de Niokolo-Koba au Sénégal, le mont Nimba (au carrefour des frontières entre la Guinée-Conakry, le Libéria et la Côte d'Ivoire), le parc national de la Boucle du Baoulé au Mali, le parc régional du W (au carrefour des frontières entre le Bénin, le Burkina Faso et le Niger). Ce dernier constitue la première Réserve de Biosphère Transfrontalière d'Afrique et la plus grande du monde avec une superficie d'environ un million d'ha (Konaté, 2008).

Au Burkina Faso, il existe un réseau de 27 aires protégées à vocation faunique qui couvre une superficie de 3.548.371 ha, soit environ 13% du territoire national (MECV, 2006). Ce réseau fait du Burkina Faso l'un des 11 pays d'Afrique au sud du Sahara ayant leurs territoires disposant plus de terres mises en réserves (Chardonnet, 1995). On rencontre dans ces différentes aires, 128 espèces de mammifères, plus de 477 espèces d'oiseaux et 60 espèces de reptiles et amphibiens (CONAGESE, 1999).

La Réserve de Biosphère de la Mare aux Hippopotames (RBMH) créée en janvier 1987 sur une forêt classée de 1937 fait partie du réseau des 27 aires protégées à vocation faunique. Elle couvre une superficie approximative de 19.200 ha soit environ 5,4% de la superficie couverte par ces aires protégées.

Parmi les mammifères sauvages qui fréquentaient la réserve, on notait, outre les hippopotames qui ont donné le nom à la réserve, la présence des céphalophes, cynocéphales, phacochères, guibs harnachés, waterbucks, cobs de Buffon, bubales, hippotragues, buffles et éléphants (ENGREF, 1989).

Suite aux péjorations climatiques, aux sécheresses récurrentes et à la pression démographique sur les terres des régions du Nord et du Centre du pays, les villages riverains de la RBMH constituent une des zones d'accueil des migrants venus de ces régions (Ouattara, 1991, Poda et al, 2008).

Le développement des activités anthropiques dans cette zone, notamment les cultures de coton et l'élevage extensif des animaux, menace l'existence de la faune avec la dégradation de leur habitat. Toutefois, il existe très peu de données concernant

2

l'ampleur de cette dégradation sur les espèces fauniques et leur habitat. L'insuffisance des connaissances sur le patrimoine faunique a été relevée comme une des contraintes pour la recherche scientifique du Burkina Faso. Pour lever cette contrainte, les objectifs de recherche de l'Institut de l'Environnement et des Recherches Agricoles (INERA) dans le domaine de la faune sauvage visent à approfondir les connaissances sur les populations de faune, la préservation et la productivité des espèces fauniques (CNRST, 1995).

C'est dans ce cadre que s'incrit la présente étude dont le titre est : « Impact des activités anthropiques sur la dynamique de la faune sauvage dans la Réserve de Biosphère de la Mare aux Hippopotames en zone sud soudanienne du Burkina Faso: Cas de l'hippopotame commun (*Hippopotamus amphibius* L.) ».

Objectifs de l'étude

Cette étude s'articule sur deux objectifs principaux. Il s'agit de :
- connaître la diversité faunique et l'ethnozoologie appliquée à la Réserve de Biosphère de la Mare aux Hippopotames ;
- déterminer la structure démographique et les potentialités alimentaires de l'hippopotame commun dans la RBMH.

Le premier objectif principal vise spécifiquement à :
- inventorier les différentes espèces de la faune des mammifères sauvages présents dans la réserve et les activités humaines qui influencent leur développement ;
- recenser les connaissances endogènes sur la Réserve de Biosphère (RB) d'une part et sur la faune sauvage dont la caractérisation de l'hippopotame, espèce emblématique de la réserve d'autre part.

Quant au deuxième objectif principal, il s'agit plus spécifiquement :
- de connaître l'effectif et les mouvements saisonniers des hippopotames ;
- d'évaluer les potentialités fourragères de ces hippopotames dans la réserve.

3

L'atteinte de ces objectifs devrait permettre à long terme de définir des orientations stratégiques pour une gestion durable des aires protégées en matière de développement de la faune sauvage et de son habitat. Les mécanismes de gestion durable à mettre au point devraient également intégrer les préoccupations des agro pasteurs des villages riverains. En d'autres termes, les mesures et stratégies à préconiser contribueraient à conserver l'outil d'étude et de formation que constitue la Réserve de Biosphère de la Mare aux Hippopotames pour l'humanité.

Partie I. Synthèse bibliographique

I. Milieu Physique

I.1. Situation géographique

Inscrit dans la boucle du Niger mais étroitement relié au golfe de Guinée par l'intermédiaire du grand fleuve Volta dont le bassin supérieur occupe la moitié de son espace géographique, le Burkina Faso est un pays sahélien enclavé d'environ 274.200 km² (SP/CONAGESE, 1999). Il est situé entre les latitudes 9,34° et 15,04° nord et les longitudes 5,58°W et 2,42°E et possède des frontières communes avec la Côte d'Ivoire au Sud-ouest, le Ghana au Sud, le Togo et le Bénin au Sud-est, le Niger à l'Est et le Mali au Nord et au Nord-Ouest (carte 1).

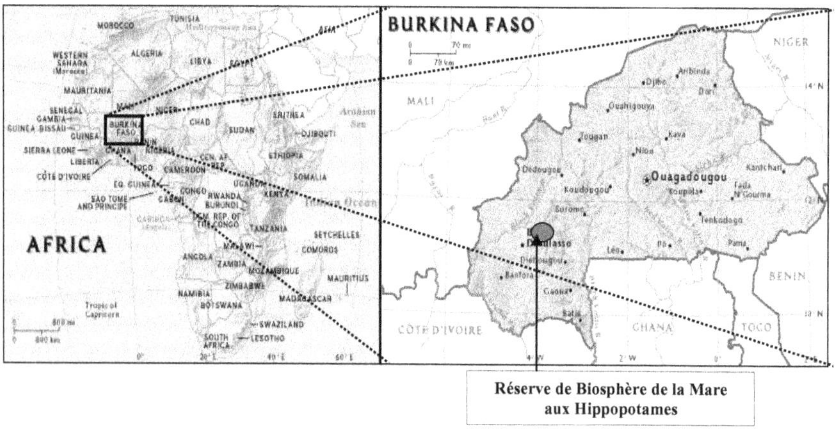

Réserve de Biosphère de la Mare
aux Hippopotames

Carte 1 : Localisation du Burkina Faso et de la Réserve de Biosphère

I.2. Relief

Le relief du Burkina Faso est caractérisé par deux principaux domaines topographiques qui occupent le territoire du pays (SP/CONAGESE, 1999):
• une immense pénéplaine façonnée dans le massif précambrien qui s'étend sur les trois quarts du pays ;
• un massif gréseux qui occupe le sud-ouest du pays ; c'est la région la plus élevée du Burkina Faso avec le mont Ténakourou qui culmine à 749 m.

I.3. Sols et hydrographie

I. 3.1. Sols

Au Burkina Faso, les sols sont classés en huit familles selon leur morphologie, leurs propriétés physico-chimiques et agronomiques (Boulet et Leprun, 1969 ; Bunasol, 1985). Ce sont :
• les sols minéraux bruts ou lithosols sur roches diverses et cuirasses ;
• les sols peu évolués sur matériau gravillonnaire dont l'horizon de surface est plus épais que le précédent ;
• les vertisols sur alluvions ou matériau argileux ;
• les sols bruns eutrophes tropicaux sur matériau argileux ;
• les sols ferrugineux tropicaux peu lessivés sur matériaux sableux, sablo-argileux ou argilo-sableux dont l'épaisseur moyenne du profil est de 2 m ;
• les sols ferralitiques moyennement dé-saturés sur matériau sablo-argileux ;
• les sols hydro morphes minéraux à pseudogley sur matériau à texture variée caractérisés par un excès d'eau temporaire ;
• les sols halomorphes à structure dégradée (solonetz sur matériau argileux).

I.3.2. Hydrographie

Le réseau hydrographique assez dense comprend de nombreux cours d'eau qui se rattachent à trois bassins internationaux d'importances inégales (SP/CONAGESE, 1999):

• le bassin de la Volta, le plus important, s'étend au centre et à l'ouest du pays sur une superficie d'environ 178.000km². Il est constitué par quatre sous-bassins majeurs que sont le Mouhoun (ex Volta noire), le Nakambé (ex Volta blanche), le Nazinon (ex Volta rouge) et la Pendjari ;

• le bassin de la Comoé couvre une superficie d'environ 1.700 km². La plus grande partie de son cours se déroule en Côte d'Ivoire qu'il traverse du nord au sud avant de se jeter au golfe de Guinée ;

• le bassin du Niger s'étend sur une superficie approximative de 79.000 km² ; il englobe les petites rivières temporaires Sirba, Béli et Tapoa.

I.4. Climat

Sur la base des précipitations annuelles, des températures moyennes annuelles et de la vitesse des vents enregistrées au cours du temps, le Burkina Faso est divisé en trois régions climatiques (Guinko, 1984). Ces régions sont :

• la zone soudanienne ou zone sud soudanienne avec une saison des pluies qui dure 6 mois et des maxima pouvant atteindre 1300 mm/an, voire plus ;

• la zone soudano-sahélienne comprise entre les isohyètes 900 et 600 mm avec une saison de pluies de 4 à 5 mois ;

• la zone sahélienne, plus sèche avec une pluviométrie pouvant descendre au-dessous de 150 mm et une saison des pluies parfois inférieure à 2 mois.

I.5. Végétation et flore

La végétation est caractérisée par la prédominance de formations mixtes ligneuses et herbacées, formations végétales à couvert peu fermé (steppes, savanes, forêts claires), dont le trait marquant est l'important développement du tapis graminéen continu ou discontinu. Selon Guinko (1984), on distingue cependant deux grands domaines phytogéographiques (carte 2). Ce sont :

• le domaine sahélien ou domaine d'*Acacia raddiana* qui comprend le secteur septentrional où on trouve les espèces comme *Acacia albida, Acacia raddiana* et *Combretum glutinosum* et le secteur subsahélien caractérisé par *Hyphaene thebaica, Acacia albida, Balanites aegyptiaca* et *Piliostigma reticulatum* ;

• le domaine soudanien ou domaine de *Vitellaria paradoxa* est subdivisé en deux secteurs qui sont :

- le secteur soudanien septentrional, plus étendu, caractérisé par les espèces ligneuses comme *Vitellaria paradoxa, Parkia biglobosa, Khaya senegalensis,* diverses autres espèces soudaniennes et de nombreuses graminées dont *Andropogon gayanus, Cymbopogon spp.*

- le secteur soudanien méridional, subdivisé en quatre districts, se caractérise par une raréfaction des espèces sahéliennes comme *Ziziphus mauritiana* et une abondance des espèces comme *Burkea africana, Isoberlinia doka, Isoberlinia dalzielli* et *Detarium microcarpum* caractéristiques des savanes boisées et les forêts galeries qui sont les principales formations de ce domaine.

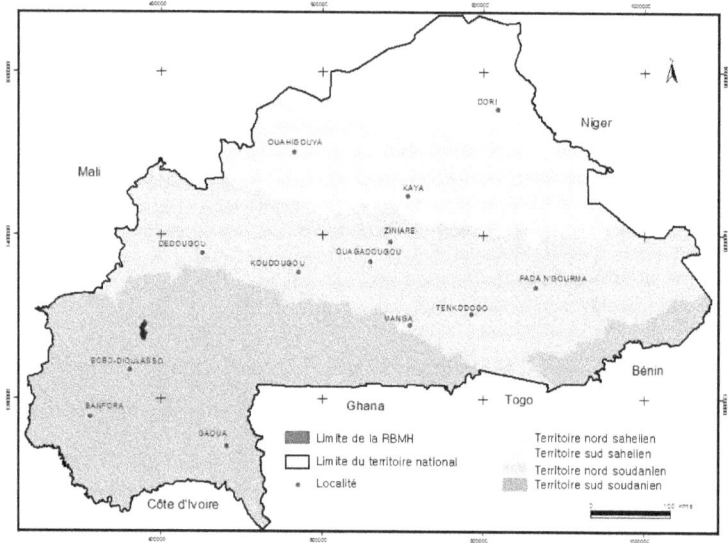

Carte 2 : Localisation de la RBMH dans la zone climatique du Burkina Faso
(Source : Guinko, 1984 adapté selon L. Ouédraogo, CTIG/INERA, 2010)

I.6. Faune sauvage

La faune sauvage terrestre comprend 665 espèces dont 128 sont des mammifères, 477 des oiseaux et 60 des reptiles (SP/CONAGESE, 2002). La faune aquatique compte 118 espèces de poissons, 30 espèces de batraciens, 23 espèces de mollusques, 6 espèces de crustacés et 16 espèces de zooplanctons.

Parmi les mammifères, certaines espèces emblématiques comme l'éléphant (*Loxodonta africana*), le lion (*Panthera leo*), le buffle (*Syncerus caffer brachyceros*) ou l'hippotrague (*Hippoptragus equinus*) sont bien représentées (MECV, 2006).

La faune sauvage est surtout concentrée dans 69 aires protégées comprenant 2 parcs nationaux, 14 réserves de faune et 53 forêts classées. Ces aires bénéficient d'une meilleure protection et d'une gestion spécifique. Elles relèvent du MECV. Sur le terrain, elles sont sous la gestion des Directions Régionales de l'Environnement et du Cades de Vie (DRECV) à travers leurs services déconcentrés que sont les Unités de

10

Protection et de Conservation (UPC) et l'Office National des Aires Protégées (OFINAP) à travers ses unités de gestion (UICN/PACO, 2009). On peut aussi citer la gestion récente de la faune dans les Zones villageoises d'Intérêt Cynégétique (ZOVIC) par les populations locales (Vermeulen, 2004).

II. Le milieu humain
II.1. La population

Au Burkina Faso, le recensement général de la population et de l'habitation réalisé en 2006 par l'Institut National de la Statistique et de la Démographie (INSD) avait estimé la population à 14.017.262 habitants dont 77,3% est rurale (Ouédraogo et Ripama, 2009). La densité est de 51,4 habitants/km^2, mais elle varie d'une région à l'autre entre 26,8 au Sahel et 602,2 habitants/km^2 au Centre. Le taux annuel de croissance démographique est estimé à 3,1% entre 1996 et 2006.

Selon Ouattara (1998), le Burkina Faso est suffisamment connu pour l'importance et l'ampleur des mouvements migratoires dont son territoire a été et continue d'être l'objet tant à l'intérieur de ses frontières que vers l'extérieur.

La migration interne est très développée et le déplacement des populations se fait surtout dans le sens nord-sud (carte 3), des zones les plus peuplées ou peu arrosées vers celles du sud, les moins peuplées, aux sols plus fertiles et plus arrosés (Ouattara, 1998 ; Vermeulen, 2001). Dans la vallée du Kou (zone adjacente à la RBMH), il y avait 940 familles, soit plus de 10.000 migrants installés dans 7 nouveaux villages dont plus de 65% de ces migrants proviennent du plateau central; cela en liaison avec la recherche de la sécurité céréalière consécutive aux années de sécheresse (1974-1975) et (1984-1985) particulièrement éprouvantes sur le plateau Central (Ouattara, 1998 ; Poda *et al.,* 2008).

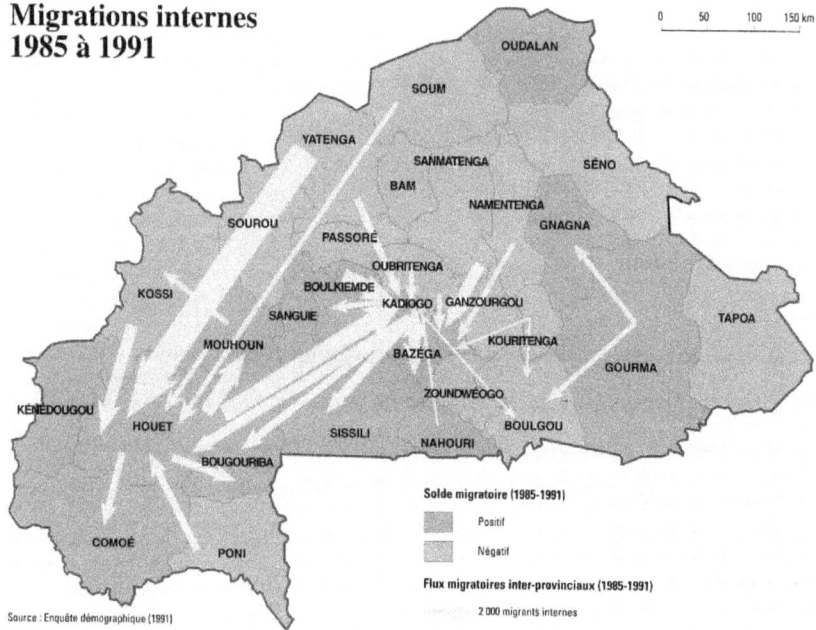

Migrations internes 1985 à 1991

OUDALAN
SOUM
YATENGA
SANMATENGA
SÊNO
BAM
NAMENTENGA
SOUROU
GNAGNA
PASSORÉ
OUBRITENGA
KOSSI
BOULKIEMDE
KADIOGO GANZOURGOU
SANGUIE
TAPOA
MOUHOUN
KOURITENGA
BAZÈGA
GOURMA
ZOUNDWÉOGO
KÉNÉDOUGOU
HOUET
SISSILI
BOULGOU
NAHOURI
BOUGOURIBA
COMOÉ
PONI

0   50   100   150 km

Solde migratoire (1985-1991)
Positif
Négatif
Flux migratoires inter-provinciaux (1985-1991)
2 000 migrants internes

Source : Enquête démographique (1991)

(Source : Poda *et al.*, 2008)

II.2. L'économie

Le Burkina Faso est l'un des pays les plus pauvres au monde. Avec un produit intérieur brut correspondant en 2003 à 315 US$ par habitant, il se classe parmi les pays les moins avancés (le seuil absolu de pauvreté était estimé à 82 672 F CFA en 2003 contre 72 690 FCFA par adulte et par an en 1998). De ce fait, la proportion des pauvres est passée de 45,3 % à 46,4 % entre 1998 à 2003, soit une aggravation de 1,1 point (Ouédraogo et Ripama, 2009).

L'économie du pays repose essentiellement sur l'agriculture et l'élevage, deux secteurs qui occupent plus de 80 % de la population active mais qui ne contribuaient que pour 37,2 % du produit intérieur brut (PIB) du pays en 1998 (INSD, 2004). La superficie cultivable couvre 9 millions d'hectares, soit 33% de la superficie totale. La superficie cultivée est de 3,7 millions d'hectares, soit 13% de la superficie totale et 41% de la superficie cultivable.

Les cultures vivrières traditionnelles (mil et sorgho) occupent la majorité des producteurs, tandis que le coton reste la principale culture de rente (Sanou, 1998). Malgré une rapide expansion récente du secteur minier, le secteur secondaire (moins de 18 % de la valeur ajoutée totale) reste peu développé. Cependant, le secteur tertiaire est en nette progression depuis 1995 avec un taux de croissance moyen de 7,6 % par an entre 1995 et 1998 (Ouédraogo et Ripama, 2009). Quant au secteur informel, il joue un rôle prépondérant dans l'économie nationale, avec une contribution au PIB de 33 % (CONAPO, 2000).

Selon Jeannin (1945), l'Hippopotame commun appartient à l'ordre des Ongulés, au sous-ordre des Artiodactyles et à la famille des Hippopotamidés qui comprend deux espèces différentiables par leur taille (planche I) :

- l'hippopotame nain (*Choeropsis liberiensis*, Morton 1844) dont la hauteur au garrot est de 0,90 m

- l'hippopotame commun ou amphibie (*Hippopotamus amphibius*, Linné 1758) dont la hauteur au garrot est d'environ 1,40 m.

L'hippopotame commun est un gros mammifère typiquement africain (Haltenorth et Diller, 1977 ; Delvingt, 1978; Stauch, 1981; Eltringham, 1993). Il comprendrait cinq sous-espèces difficiles à distinguer sur le terrain (Lydekker, 1915 ; Jeannin, 1945 ; Bourgoin, 1955 ; Eltringham, 1993). L'examen de la diversité et de la structure génétique des populations d'hippopotames à travers le continent sur la base de l'ADN mitochondrial a permis de prouver que la différentiation génétique est basse mais significative parmi 3 des 5 groupes présumés (Okello *et al.*, 2005). Cela voudrait dire que l'hippopotame commun comprend trois sous espèces qui sont : *H.a. amphibius*, *H.a. capensis* et *H.a. kiboko*. Celui de la RBMH se rattacherait à *H.a. amphibius* qui est celui appartenant aux pays africains sub-sahariens (Okello *et al.*, 2005).

©Copyright Photo André Brunsperger

Planche 1. Photos des deux espèces d'hippopotames : (a)*Choeropsis liberiensis*, Morton 1844 ; (b) *Hippopotamus amphibius*, Linné 1758 et son petit

15

I. Généralités

L'hippopotame (*Hippopotamus amphibus*) vit dans les prairies d'Afrique tropicale, à proximité de cours d'eau, mares ou bourbiers. Les hippopotames mesurent en moyenne 3,5 mètres de long et 1,5 mètres de haut et peuvent peser entre 650 à 3200 kg (Haltenorth et Diller, 1977 ; Eltringham, 1993 ; Kingdom, 1997). Le poids d'un hippopotame mâle adulte varie de 650 kg à 3200 kg et de 510 kg à 2500 kg pour une femelle adulte (Kingdom, 1997). La femelle hippopotame atteint son poids maximum à l'âge moyen de 25 ans tandis que le mâle semble prendre du poids durant toute sa vie.

L'intervalle entre deux naissances est en moyenne de deux ans. La gestation dure près de 240 jours ; à la naissance le jeune pèse environ 50kg. Une femelle peut, au cours de sa vie (40 ans), engendrer une quinzaine de nouveaux nés.

La maturité sexuelle est atteinte en moyenne à neuf ans chez la femelle et à 8 ans chez le mâle.

II. Régime alimentaire

L'hippopotame est un herbivore non ruminant menant une vie grégaire, sédentaire et passant toute la journée dans l'eau.

Dans les zones fortement anthropisées, il ne sort de l'eau que les nuits pour rejoindre les gagnages jouxtant son habitat (Haltenorth et Diller, 1977). Les espèces végétales de la famille des Poaceae et des Cyperaceae seraient les plus représentées dans son alimentation (Amoussou *et al.* 2002 ; Noirard *et al.* 2004 ; Amoussou *et al.* 2006 ; Kabré *et al*, 2006). Sa ration alimentaire quotidienne varierait entre 35-50 kg d'herbe fraîche soit 1 à 1,5 % de son poids (Haltenorth et Diller, 1977 ; Eltringham, 1999). Les hippopotames ne se nourrissent uniquement que dans des gagnages constitués d'espèces végétales courtes (Oliver et Laurie, 1974; Eltringham, 1999 et Michez, 2006). En outre, pendant les crues, les hippopotames migrent généralement dans les eaux peu profondes situées non loin des prairies exondées (Delvingt, 1978 ; Traoré, 2005 ; Dibloni *et al*, 2009).

III. Comportement et vie sociale

L'hippopotame est dit « *socialement schizophrène* » (Estes, 1992). Hautement grégaire ainsi que relativement sédentaire la journée, il tolère des contacts beaucoup plus proches que n'importe quel autre ongulé.

Il passe la plupart de sa journée en groupe composé de 2 à 150 individus (Kingdom, 1997).

Les groupes sont généralement composés de femelles accompagnées de leurs petits sous l'autorité territoriale d'un mâle dominant. Le mâle n'est pas directement lié aux femelles mais plutôt lié au territoire. Territoire qui, selon son attractivité (proximité des herbages, profondeur de l'eau, …), va attirer plus ou moins les femelles. Les jeunes mâles n'ayant pas encore de prétentions territoriales peuvent constituer des groupes à part entière ou bien s'insérer dans une cellule sociale telle que décrite plus haut, tant qu'ils ne revendiquent aucun droit sur ce territoire et les femelles qui l'occupent (Eltringham, 1999).

IV. Distribution
V.1. En Afrique

Jusqu'au début du 20ème siècle, on trouvait des hippopotames amphibies dans toute l'Afrique, surtout au sud du Sahara, partout où il existait de l'eau et des végétaux adéquats ; soit du Nil au Cap (carte 4). Les hippopotames amphibies sont de nos jours en majorité confinés dans des zones protégées. Néanmoins, ils survivent toujours dans les plus grandes rivières et marais. Ils vont même jusque dans les estuaires, dans la mer et même jusqu'à une altitude de 2 000 m (Eltringham, 1993 ; Kingdom, 1997).

IV. 2. Au Burkina Faso

D'après l'inventaire faunique national réalisé en 1982 (Bousquet, 1982), l'effectif de la population de l'hippopotame commun était estimé à près de 500 individus au Burkina Faso (SP/CONAGESE, 2002). Ces hippopotames sont repartis sur quelques plans d'eau dont le complexe des rivières W-Arly-Pendjari, la Réserve de Biosphère de la Mare aux Hippopotames (RBMH), les lacs de Bagré et de Tingréla, les rivières de la Comoé, de la Léraba, du Sourou, les plaines de Banzon et de la Bougouriba (carte 5).

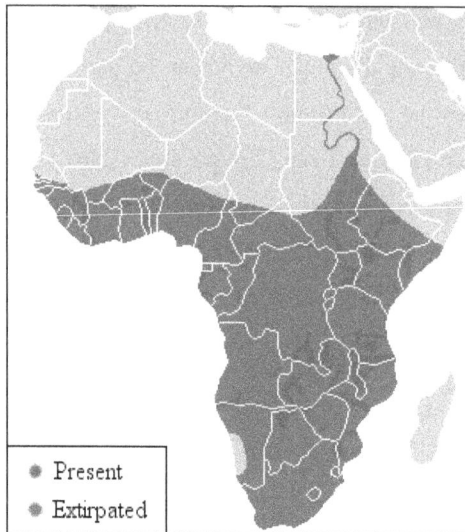

Carte 4: Répartition géographique des hippopotames en Afrique
(Source : http://fr.wikipedia.org/wiki/Hippopotamus_amphibius)

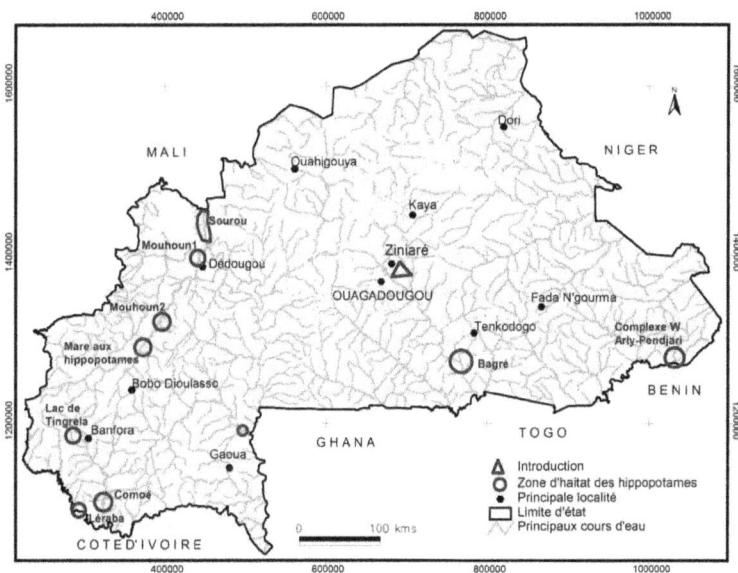

Carte 5 : Distribution de l'habitat des hippopotames au Burkina Faso
(Source: Coulibaly et Dibloni, 2007)

V. Conservation de l'espèce

V.1. Statut

L'hippopotame bénéficie du droit international qui le classe dans l'« annexe 2 » depuis 1995 (UICN, 2006) de la convention sur le commerce international des espèces de faune et de flore sauvages menacées d'extinction (CITES). Cette convention a été signée par 80 pays à Washington le 3 mars 1973 et est entrée en vigueur le 1er juillet 1975. L'annexe 2 répertorie les espèces qui, bien que n'étant pas nécessairement menacées actuellement d'extinction, pourraient le devenir sans une réglementation stricte du commerce des spécimens de ces espèces. Cette convention régule donc le commerce des produits ou sous-produits de l'hippopotame et délivre à certains pays des quotas d'exportation.

Au Burkina Faso, l'hippopotame jouit d'un statut de protection intégrale suite aux différentes conventions (Convention d'Alger, 1968 ; Convention de Washington ou CITES, 1973) signées par l'Etat burkinabé (Ramsar, 2002 ; MECV, 2006).

19

V.2. Principales menaces

Les populations d'hippopotames de tout le continent sont menacées de disparition à travers la destruction de leur habitat, la chasse non contrôlée et les conflits armés. En République Démocratique du Congo où la population d'hippopotames était estimée à 30 000 individus dans le Parc National des Virunga (Delvingt, 1978), on ne dénombre actuellement que quelques 3 000 têtes (UICN, 2006). Face au risque élevé d'extinction, l'hippopotame est classé par l'Union internationale pour la conservation de la nature (UICN) dans la catégorie «vulnérable» de la liste rouge des espèces menacées (UICN, 2006). Les effectifs d'hippopotames dans le monde sont estimés de nos jours entre 125 680 et 149 230 individus (UICN, 2006). Aussi, les populations d'hippopotames dans les divers pays d'Afrique de l'Ouest sont elles fortement fragmentées en petits groupes de 50 à 500 animaux pour un effectif d'environ 7 600 hippopotames (Noirard *et al*, 2004).

Au Burkina Faso, suite aux graves sécheresses de 1970, le gouvernement avait adopté une loi protégeant les hippopotames, les éléphants et les crocodiles (loi 73/AN du 29 novembre 1973) durant une période de cinq ans. La loi fut reconduite pour une nouvelle période de 5 ans à partir de 1979 (loi 5/79/AN du 6 juin 1979). Depuis 1985, l'hippopotame est définitivement inscrit comme une espèce menacée et donc intégralement protégée (Raabo N°0021/CNR/PRES du 2 décembre 1985).

Chapitre III. Bref aperçu de quelques méthodes d'inventaires des mammifères sauvages

I. Méthodes classiques d'inventaires de la faune sauvage au Burkina Faso

Les recensements annuels de la faune sauvage mammalienne effectués au Burkina Faso ont pour objectif de fournir des informations instantanées d'ordres quantitatif et qualitatif sur l'évolution du cheptel faunistique. Ces informations sont capitales pour la gestion des réserves de faune, des ranchs et des concessions de chasse. Les recensements les plus courants sont les inventaires pédestres, aériens et automobiles mis en œuvre au début des années 80 à Nazinga (Burnham *et al*, 1980 ; Bousquet *et al*, 1982 ; Buckland et Burnham, 1993 ; Cornelis, 1999 ; Cornelis, 2000 et Bélemsobgo, 2000).

I.1. Inventaires pédestres

A Nazinga, deux techniques d'inventaires pédestres sont appliquées. Ce sont :
- la méthode directe réalisée suivant les inventaires par transects linéaires à largeurs variables et les inventaires pédestres totaux par bloc;
- la méthode indirecte qui consiste à relever les indices de présence par les crottes.

I.1.1. Inventaires pédestres par la méthode directe

I.1.1.1. Transects linéaires à largeur variable

Tous les inventaires annuels effectués à pied à Nazinga depuis 1981 l'ont été en utilisant cette méthode. Cette technique est utilisée généralement pour l'inventaire des espèces de mammifères diurnes mais est plus adaptée pour les espèces qui se repartissent de façon aléatoire (hippotrague, bubale, etc.). Elle est mise en œuvre lorsque les ressources en eau sont bien réparties afin d'éviter le regroupement en un seul lieu.

Les bases conceptuelles des transects linéaires à largeur variable ont été décrites par Burnham *et al.* (1980) et reprises par Buckland *et al.* (1993). La théorie de cette méthode est basée sur le principe selon lequel la probabilité d'observer un objet ciblé diminue lorsque la distance de l'objet au transect augmente. La relation entre la détection visuelle potentielle d'un objet et sa distance au transect peut être formalisée au moyen d'une fonction de détection (soit g(x)) et de sa fonction de densité de probabilité (soit f(x)).

La fonction de détection g(x) est la courbe décrivant la relation entre la distance x d'un objet cible depuis le transect et sa probabilité d'être détecté.

La fonction de densité de probabilité f(x) quant à elle est liée à la fonction de détection g(x) par la relation suivante :

$$f(x) = \frac{g(x)}{a}$$

Le calcul de la densité s'effectue suivant la formule suivante :

$$\hat{D} = \frac{n}{A} = \frac{n}{2La}$$

Où

$\hat{D}$ = la densité

n = le nombre d'objets observés

A = la surface échantillonnée

L = la longueur du transect

a = la largeur de la bande d'un côté du transect

Le recensement s'effectue toujours par plusieurs équipes constituées chacune de trois personnes. Chaque équipe se déplace le long des transects à l'aide d'une boussole ou du «Global Positioning System (GPS)», généralement suivant le sens contraire à celui du vent. Au cours de l'inventaire, lorsqu'un membre repère un mammifère, l'équipe suspend sa marche et les informations suivantes sont enregistrées sur la fiche d'inventaires :

a) espèce ;

b) nombre d'individus dans le groupe ;

c) sexe et âge de tous les individus si possible ;

d) heure d'observation ;

e) azimut de l'observation où l'animal a été découvert ;

f) distance séparant l'animal des observateurs ;

g) activité des animaux lorsqu'ils ont été aperçus la première fois.

Les distances perpendiculaires depuis l'axe du transect jusqu'à chaque objet repéré se mesurent suivant l'angle d'observation et la distance séparant l'objet détecté (figure 1).

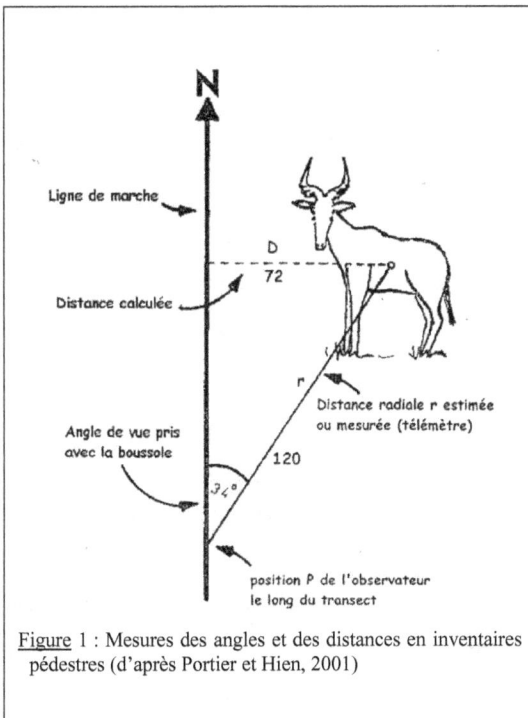

Figure 1 : Mesures des angles et des distances en inventaires pédestres (d'après Portier et Hien, 2001)

I.1.1.2. Inventaires pédestres totaux par bloc

Il s'agit d'une technique pédestre de recensement total se basant sur des unités spatiales préalablement définies. Cette technique fut utilisée pour les recensements généraux des grands mammifères dans le parc national des Virunga de 1958 à 1960 (Cornet d'Elzius, 1996).

Cette méthode est utilisée à Nazinga dans le cadre de l'inventaire total des buffles et des éléphants (Ouédraogo, 2001 ; Hien *et al.*, 2002). Dans le cadre de la mise en œuvre de la méthode à Nazinga, l'aire du ranch est subdivisée en blocs suivant les limites naturelles existantes, notamment les rivières, les pistes, les limites périphériques du ranch et des spécificités écologiques des zones par rapport à la distribution des buffles relevée à partir des abattages au cours des chasses Safari ainsi que des relevés d'observation dans le cadre du suivi écologique des buffles. Des équipes composées de deux pisteurs et d'un chef d'équipe sont déposées le même jour au niveau de chacun de ces blocs de sorte que l'espace soit parcouru en quatre jours. Dans les limites de chaque bloc, l'équipe est chargée de recenser prioritairement les troupeaux d'éléphants ou de buffles à partir des indices de présence (traces, crottes, etc.), les effectifs et les structures d'âge et de sexe du troupeau et de noter les coordonnées géographiques des points d'observations sur la carte. Les indices de présence humaine (pièges, animaux domestiques, cadavres d'animaux, affûts, braconniers rencontrés) sont également notés par les différentes équipes.

I.1.2. Inventaires pédestres par la méthode indirecte

Il s'agit d'une méthode d'inventaire basée uniquement sur la présence des crottes dans les zones à parcourir (N'do, 1995 ; Poda, 1995 ; Dibloni, 2003). Le dispositif expérimental a consisté à l'installation de stations d'observations sur des transects choisis de façon à couvrir au maximum les sept unités de paysages du Ranch de Gibier de Nazinga définis par Dekker (1985) ou dans les blocs d'inventaires totaux

24

des buffles et éléphants (Ouédraogo, 2001 ; Hien *et al.*, 2002). Les stations sont visitées une fois par semaine et à chaque passage, les déjections récentes et les espèces végétales nouvellement consommées sont enregistrées. Cette méthode a surtout permis de déterminer la structure des populations d'hippotragues, de bubales et de phacochères.

I.2. Inventaires aériens

Les inventaires aériens (par avion ou hélicoptère) sont des méthodes généralement appliquées dans le cas de zones ouvertes ou semi-ouvertes, très étendues ou d'accessibilité difficile. Ils sont plus adaptés au comptage des espèces de mammifères diurnes de grande taille. Bien qu'ils soient relativement coûteux par unité de temps, le temps nécessaire à leur réalisation est très nettement inférieur au regard des autres méthodes, expliquant par là, une meilleure efficience et un moindre risque de double comptage. Les comptages aériens s'opèrent le plus souvent au moyen d'inventaires par transects à largeur fixe. Seul un modèle d'avion à ailes hautes permet une visibilité au sol. Quatre places à bord sont nécessaires pour la réalisation de l'inventaire. Deux observateurs situés à l'arrière comptent les animaux de part et d'autre de l'avion entre les bandes à largeur fixe délimitées avec des repères sur les haubans de l'avion. La transcription des informations criées par les observateurs ainsi que leur positionnement GPS sont prises en charge par l'observateur situé à côté du pilote (Cornelis, 2000 ; Lejeune, 2002). En général le taux de sondage varie de 2 à 8 %.

Cette méthode est souvent utilisée pour les inventaires nationaux au Burkina Faso (Bouché *et al*, 2004 a et b ; Bouché, 2005).

I.3. Inventaires automobiles

Ce sont des inventaires effectués au moyen d'un véhicule automobile tout en suivant un circuit routier préalablement défini. Ce type d'inventaire permet d'obtenir l'Indice Kilométrique d'abondance (IKA) qui est le rapport des effectifs observés aux distances parcourues (Cornelis, 2000 ; Lejeune, 2002).

$$IKA = \frac{\sum n_i}{\sum l_i}$$ avec n_i = nombre d'individus observés et l_i = distance parcourue

Cette méthode d'inventaire a été appliquée à Nazinga par Jachmann (1988), Frame (1989) et Cornelis (2000).

Conclusion

Les différentes techniques d'inventaires ci-dessus présentées ont chacune ses limites, ses potentialités et ses espèces cibles. L'application de chacune d'elles dépend des moyens et du temps dont on dispose, mais surtout de l'information recherchée. La mise en œuvre d'une des techniques doit aussi tenir compte de la nature du site (couvert ou fermé) et de la période d'exécution.

II. Bref aperçu sur les dénombrements des populations d'hippopotames

Les méthodes directes et indirectes d'inventaire de la faune terrestre diurne sont utilisées aussi pour l'inventaire spécifique des populations d'hippopotames.

II.1. Méthodes directes de dénombrement des hippopotames

Le recensement direct des hippopotames s'effectue par des inventaires aériens ou par le comptage à partir d'un canot ou d'une barque dans le lit d'un cours d'eau.

II.1.1. Les inventaires aériens

Les inventaires aériens des hippopotames sont ceux décrits plus haut. Ils ne sont appliqués que dans les zones ouvertes ou semi-ouvertes, très étendues ou d'accès difficile. Cette technique a été utilisée par Delvingt (1978) pour le recensement des hippopotames dans le Parc National des Virunga en République Démocratique du Congo. Elle a également permis de dénombrer les hippopotames dans l'Ecosystème W, Arly, Pendjari, Oti-Mandouri-Keran, la RBMH et la Comoé-Léraba au Burkina Faso (Bouché *et al*, 2004 ; Bouché, 2005).

II.1.2. Le comptage à partir d'un canot

La méthode de comptage à partir d'un canot a été appliquée par Attwell (1963). Elle consiste à dénombrer les hippopotames à partir d'une barque ou d'une pirogue. Cette méthode est surtout adaptée dans les rivières très peu étendues et où la végétation des abords est très dense. Elle a été appliquée avec succès dans les plans d'eau du Parc National du Loango au Gabon (Michez, 2006), dans les lacs du Sourou et du barrage de Bagré au Burkina Faso (Nandnaba, 1995 ; Saley, 2005).

II.2. Méthodes indirectes de dénombrement des hippopotames

Les méthodes indirectes consistent à estimer les populations d'hippopotames en se basant sur leurs empreintes dans les bancs de sable ou sur les fèces déposées sur leurs voies de parcours (Delvingt, 1978 ; Jackman et Bell, 1984 ; Barnes *et al*, 1991). Le dénombrement des hippopotames à partir des fèces consiste à compter systématiquement les excréments fraîchement déposés le long des transects préalablement définis à intervalles réguliers. Cette technique nécessite plusieurs passages pour estimer la population d'hippopotames des zones étudiées.

III. Structure d'âge et de sexe des mammifères sauvages

La structure d'âges et de sexes des mammifères est définie en se basant sur la longueur et le nombre des stries des cornes d'une part et sur la morphologie de l'animal d'autre part. Elle permet de définir les quotas de tirs basés sur la qualité du trophée.

III.1. Détermination des classes d'âges

En Ouganda, Spinage (1982) a établi différentes classes d'âge du waterbuck en se basant sur la longueur des trophées et le nombre de stries existant sur chaque corne. Ainsi, il a pu déterminer les âges en fonction de l'importance des trophées.

A Nazinga, trois classes d'âges des grandes antilopes (planche 2) sont toujours définies en tenant compte de l'absence ou de la présence des cornes et surtout de l'étendue des stries sur les cornes (Dibloni, 2003).

Classe d'âges	Critères de classification	Espèces	
		Bubales	Hippotrogues
Jeunes (0-1an	Antilopes sans cornes ou avec cornes en forme de pointe		
Subadultes (2-3 ans)	Antilopes à cornes dont le nombre de stries est au moins égal à trois		
Adultes (Plus de 3 ans)	Antilopes à cornes dont la zone à stries est nettement plus longue que la partie lisse (pointe)		

Planche 2 : Détermination des classes d'âge de deux antilopes de chasse en fonction de la croissance des cornes dans le Ranch de Gibier de Nazinga (Source : Adapté selon Dibloni, 2003)

III.2. Critères de détermination des sexes

Les critères de différenciation sexuelle des grandes antilopes de chasse sont surtout basés sur l'aspect morphologique de ces mammifères (tableau 1). Dibloni (2003) a utilisé ces critères pour différencier le sexe de deux grandes antilopes de chasse dans le Ranch de Gibier de Nazinga.

Tableau 1: Critères de distinction entre mâle et femelle de deux antilopes (Hippotrague et bubale)

Sexe	Critères
Mâle	- Taille haute ; - Gros thorax ; - Cuisses grosses ; - Cornes grosses ; - Encolure très développée - Penis visible
Femelle	- Cuisses minces ; - Cornes minces ; - Abdomen volumineux

(Source : Dibloni, 2003)

Partie II : Matériel et méthodes

L'étude a été réalisée dans la Réserve de Biosphère de la Mare aux Hippopotames (RBMH) en zone sud soudanienne du Burkina Faso.

I. Localisation de la RBMH

La Réserve de Biosphère de la Mare aux Hippopotames est située dans la Province du Houet à soixante (60) kilomètres au Nord-Est de Bobo-Dioulasso, entre les départements de Satiri et de Padéma. D'une superficie d'environ 19 200 hectares, elle est comprise entre 1 271 488 m et 1 299 188 m de latitude nord et entre 381 850 m et 369 241 m de longitude ouest (Carte 6). Elle est entourée par 10 villages qui collaborent officiellement avec l'administration forestière et les différentes structures intervenant dans la réserve. Il s'agit des villages de Bala, Bossora, Finan, Molakadom, Sokourani et Tiarako du département de Satiri et des villages de Bonwallé, Hamdallaye, Padéma et Soma du département de Padéma (Carte 6).

Les dix villages se sont fédérés sur initiative du projet de Partenariat pour l'Amélioration et la Gestion des Ecosystèmes Naturels (PAGEN) pour créer l'Association Inter villageoise de Gestion des Ressources Forestières et de la Faune (AGEREF) qui est une structure faîtière communautaire réunissant les organisations des producteurs œuvrant dans la zone sous influence de la réserve (Dibloni *et al.*, 2009). L'association est dirigée par un bureau composé de 14 membres dont le président est le répondant direct des différents partenaires intervenant dans la zone sous influence de la réserve. Elle est chargée de la mise en œuvre de quelques activités du plan d'aménagement (animation, surveillance villageoise, ouverture des pare-feux et pistes rurales, conduite des feux précoces) sous la supervision du gestionnaire de la réserve (UCF/HB, 2009). L'AGEREF en tant que représentant des communautés signe également des protocoles de travail avec le comité national MAB/UNESCO du Burkina Faso pour la conduite de certains projets régionaux.

C'est le cas du projet renforcement des capacités dont la fin est intervenue en décembre 2008 (Poda *et al.*, 2008).

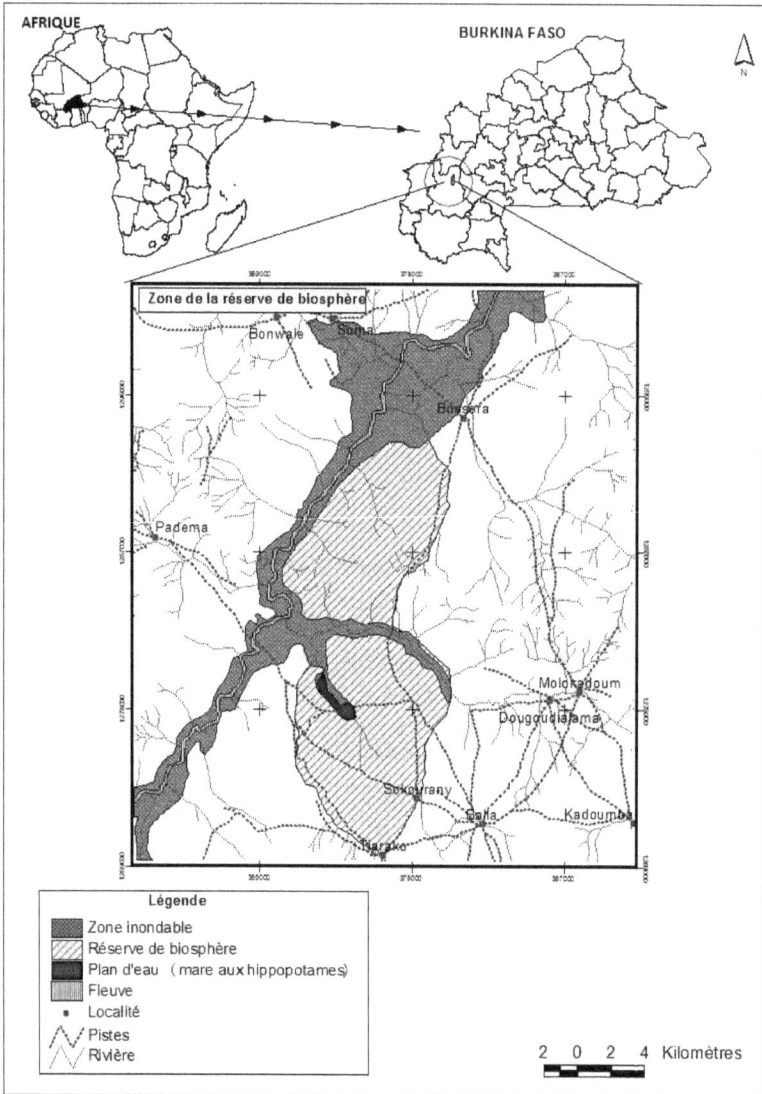

Carte 6 : Localisation de la Réserve de Biosphère de la Mare aux Hippopotames

II. Statut de la Réserve de Biosphère

II.1. Classement de la forêt

La forêt de la Mare aux Hippopotames a été classée le 26 mars 1937 par l'administration coloniale par arrêté n° 836 SE portant classement des forêts de Bansié, du Bambou, du Kapo, du Bahon et de la Mare aux Hippopotames, cercle de Bobo-Dioulasso, Côte d'Ivoire (Taïta, 1997). Cette administration assignait à ces forêts les objectifs suivants :

- empêcher une trop grande déforestation du pays ;
- créer un vaste domaine forestier classé ;
- conserver et améliorer ce domaine ;
- constituer des barrières végétales climatiques.

Le domaine non classé était resté aux usages des indigènes.

II.2. Inscription comme Réserve de Biosphère par l'UNESCO

Suite à la proposition faite par le CNRST aux différentes conférences et rencontres de l'UNESCO (Bonkoungou et Kabré, 1978 ; Bognounou, 1979 ; Bonkoungou, 1981 ; Coulibaly, 1983 ; Bonkoungou et Poda, 1987) et au rapport de consultation du Pr MALDAGUE de l'université Laval au Québec (Canada), la forêt classée de la mare aux Hippopotames a été érigée en une Réserve de Biosphère le 12 janvier 1987 par l'UNESCO (Taïta, 1997). Cela dénote de l'importance de la forêt et de la Mare aux Hippopotames au point de vue de la conservation, de l'intérêt pour les connaissances scientifiques et les valeurs humaines qu'elle permet de mettre au service du développement intégré de la région. Elle est inscrite dans les 531 Réserves de Biosphère (RB) du réseau mondial dont 69 réserves sont en Afrique (Raondry-Rakotoarisoa, 2009).

Sur le plan spatial, la Réserve de Biosphère de la mare aux hippopotames comprend trois unités principales (carte 7) qui sont :

- la zone centrale, strictement protégée, d'une superficie approximative de 6.518 ha ;

- la zone tampon qui renferme la zone expérimentale d'une superficie d'environ 9.836 ha ;

- la zone de transition (ou aire de coopération) qui comprend les domaines des villages riverains où tous les intervenants travaillent ensemble pour gérer et développer durablement les ressources de la région.

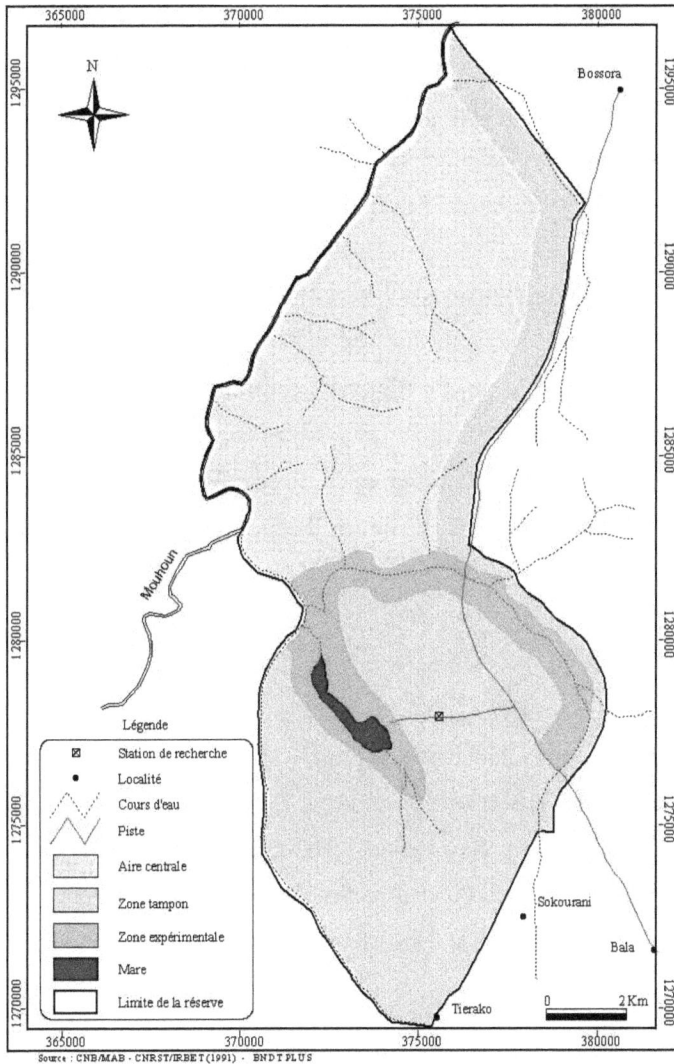

Carte 7 : Carte de zonation de la RBMH

II.3. Définition

D'après l'UNESCO (1996), les Réserves de Biosphère (RB) sont des aires protégées appartenant à des environnements terrestres et côtiers représentatifs, dont la communauté internationale a reconnu, dans le cadre du programme UNESCO-MAB,

35

l'importance de la conservation pour l'acquisition de connaissances scientifiques pour la formation du personnel et pour les valeurs humaines qu'elles représentent aux fins d'un développement durable. La Réorganisation Agraire et Foncière (RAF) du Burkina Faso donne la définition suivante: "Une Réserve de Biosphère est une réserve déclarée comme bien du patrimoine mondial en raison de ses spécificités biologiques, écologiques, culturelles ou historiques" (R.A.F., 1991). Cette définition a été reprise dans les textes par la loi du 17 mars 1997 portant adoption du code forestier par l'Assemblée nationale du Burkina Faso (MEE, 1997).

En d'autres termes, les Réserves de Biosphère constituent un réseau international de zones protégées où est mise au point une conception intégrée de la conservation. Cette conception allie la préservation de la diversité biologique et génétique à la recherche, la surveillance continue du milieu, l'éducation et la formation du caractère représentatif des principaux écosystèmes du monde" (UNESCO, 1981 ; Batissé, 1986).

II.4. Objectifs et rôle

Les Réserves de Biosphère font partie du projet n°8 du Programme des Nations Unies pour l'Homme et la Biosphère ou Man And the Biosphere (M.A.B) en anglais. C'est un programme mondial de coopération scientifique internationale portant sur les interactions entre l'homme et son environnement. Les RB ont pour objectifs de servir à la recherche, à l'éducation, à la démonstration et à la formation dans le domaine de l'écologie.

Le concept de Réserve de Biosphère répond à trois préoccupations essentielles qui se conjuguent ensemble :

1- la conservation des ressources génétiques et des écosystèmes ainsi que le maintien de la diversité biologique ;

2- la constitution d'un réseau international bien défini de zones contribuant directement aux activités de recherche sur le terrain et de surveillance continue entreprises dans le cadre du MAB, y compris les activités connexes de formation et d'échange d'information ;

3- le développement et la protection de l'environnement conformément au principe directeur pour les activités du MAB dans les domaines de la recherche et de l'éducation.

III. Conditions climatiques de la RBMH

III.1. Relief - Topographie et climat

Le relief de la réserve est relativement plat avec une altitude moyenne variant entre 280 et 320 mètres.

Le climat est tropical et de type sud soudanien (carte 2). Les saisons de pluies s'étalent sur des périodes de 4 à 5 mois avec des hauteurs d'eau de 1100 mm (Guinko, 1989). Ainsi, la région est caractérisée par deux saisons :

- une saison sèche qui s'étale sur 7 à 8 mois allant de novembre à avril. L'humidité relative est comprise entre 20,5 et 44,2 %. La saison sèche connaît deux périodes dont l'une fraîche (décembre à février) conditionnée par l'alizé boréal et l'autre chaude (mars à mai) caractérisée par l'action de l'harmattan ou alizé continental (un vent sec qui souffle du nord-est au sud-est) ;

- une saison pluvieuse ou hivernage de juin à octobre caractérisée par les vents chauds et humides des moussons (humidité relative de 62,5 à 82 %) soufflant du sud-ouest au nord-est.

De 1999 à 2008, la pluviométrie moyenne annuelle la plus élevée (1155,7 mm) a été observée en 2003 et la plus basse (807,6 mm) en 2002 (figure 2). La moyenne pluviométrique décennale est estimée à 985,8 mm ; soit une baisse d'environ 15% par rapport à celle relevée par Guinko (1989).

37

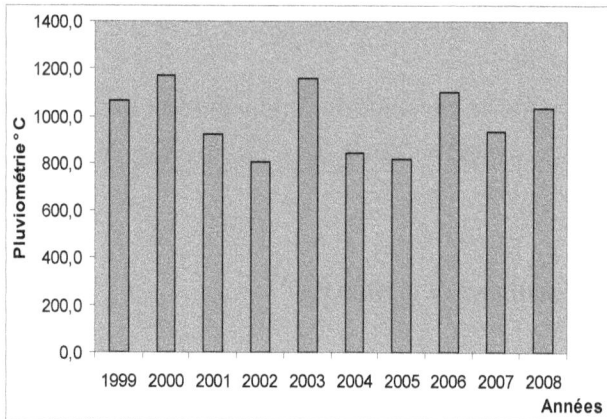

Figure 2: Pluviométrie moyenne annuelle de la région de Bobo Dioulasso de 1999-2008

L'évaporation annuelle qui atteint en moyenne 1876,4 mm est variable selon les périodes de l'année (Ouédraogo, 1994). Ainsi, la plus faible valeur de l'évaporation (94,7 mm) est obtenue en août et la plus élevée (206,7 mm) est obtenue en janvier.

La région bénéficie d'une forte insolation (227 h/mois) qui est un facteur déterminant pour les températures.

Pour la décennie 1999-2008, les températures moyennes mensuelles (maximum et minimum) sont respectivement 31,3 °C et 25,2 °C avec une amplitude de 6,1 °C. Ces températures moyennes mensuelles sont respectivement de 30,1 °C et 24,4 °C en 1999 et de 31,6 °C et 23,6 °C en 2008 (annexe I). Les figures 3 & 4 présentent les diagrammes ombrothermiques de Bobo Dioulasso de 1999 à 2008. Lorsqu'on considère la période végétative sur un intervalle de 10 ans à compter de 1999, elle est passée de 7 mois (figure 4a) à 6 mois (figure 3). De même, en considérant les variations interannuelles, la période végétative s'est réduite à 5 mois (mi-mai à mi-octobre) en 2008 (figure 4b).

38

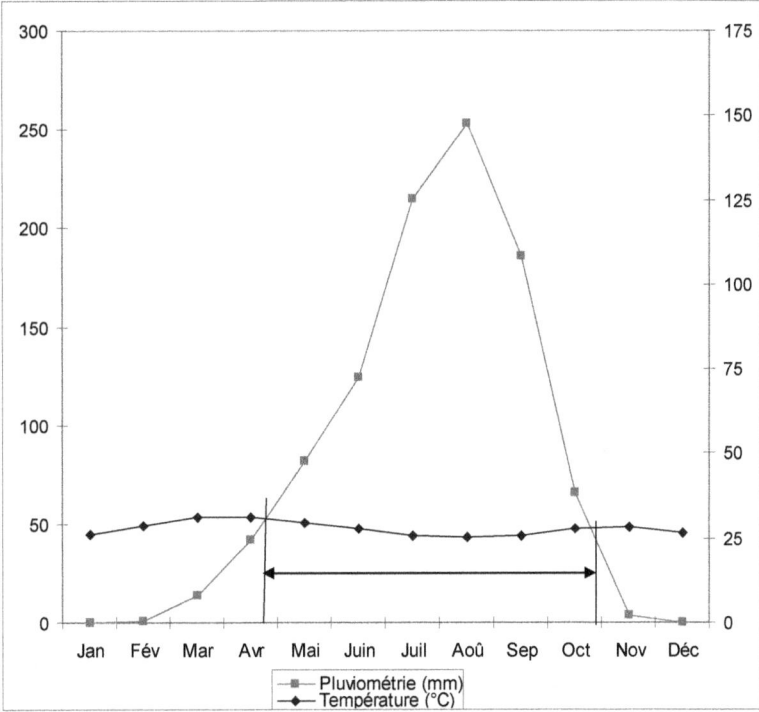

Figure 3 : Diagramme ombrothermique de Bobo-Dioulasso de 1999-2008

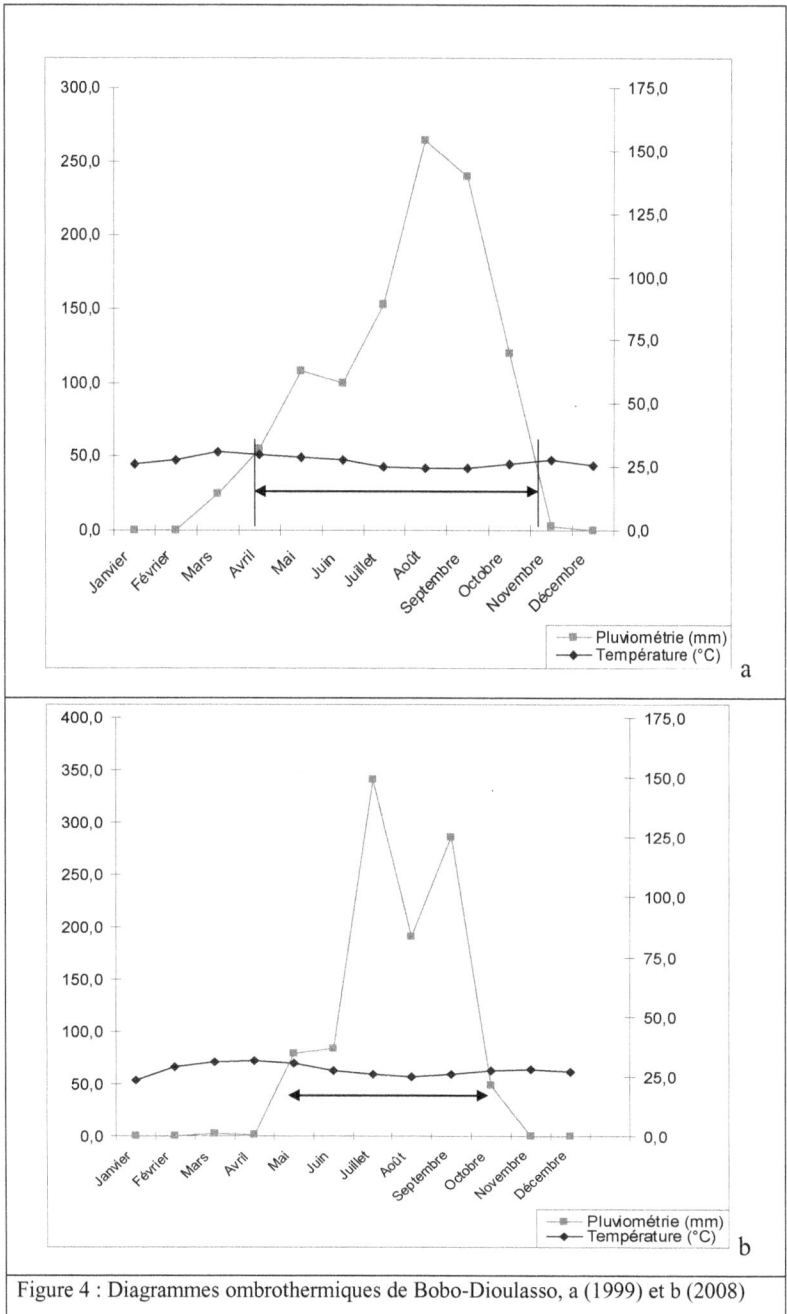

Figure 4 : Diagrammes ombrothermiques de Bobo-Dioulasso, a (1999) et b (2008)

III.2. Hydrographie et hydrologie

III.2.1. Hydrographie

Le réseau hydrographique de la réserve est caractérisé par trois unités hydrographiques qui sont des affluents du Mouhoun. Il s'agit du Wolo au sud, du Tinamou au centre et de la Leyessa. La grande dépression centrale du Tinamou abrite la « Mare aux Hippopotames ».

La mare est une étendue d'eau allongée dans le sens N/NW-S/SE, d'environ 2,600 Km de long et 700 m de large. Sa superficie varie de 120 à 660 ha respectivement en période d'étiage et de crues pour une profondeur de 1,15 à 2,5 m. Les crues de la mare sont fortement dépendantes de celles du Mouhoun puisque les deux systèmes communiquent. Depuis 1989, la construction d'une digue avec une écluse à l'aval de la mare permet de rehausser le niveau de l'eau d'un demi-mètre à l'étiage.

Les variations du niveau d'eau sont cycliques avec des périodes de crues qui commencent en juillet et s'étalent jusqu'en décembre et une période d'étiage de janvier à juin. On retient que l'importance des crues de la mare est variable selon les années.

III.2.2. Hydrologie

A l'instar des cours d'eau de la zone tropicale, le régime des cours d'eau est lié au rythme et à l'importance des précipitations. Pour la zone de la mare aux hippopotames où les précipitations sont assez abondantes et la saison pluvieuse plus longue, le régime des cours d'eau est un régime de transition (Ouédraogo, 1994). Malgré cette situation, tous les cours d'eau (à l'exception du Mouhoun et de la mare) ont un régime temporaire. La permanence de la rivière Mouhoun et de la « Mare aux Hippopotames » est liée à l'existence de sources. Les sources de résurgence du Mouhoun sont situées dans les hauts plateaux gréseux perméables de Bobo-

Dioulasso. Elles sont considérées comme un château d'eau du Centre Ouest africain (Roman, 1978). La mare quant à elle était alimentée par deux sources de résurgence situées dans le cours supérieur du Tinamou. L'une des sources a tari depuis 1986 (Ouédraogo, 1994). Le niveau d'eau de la mare fluctue entre 1 m à 1,50 m mais dépasse souvent 3 m entre les mois de juillet et septembre (Figure 5).

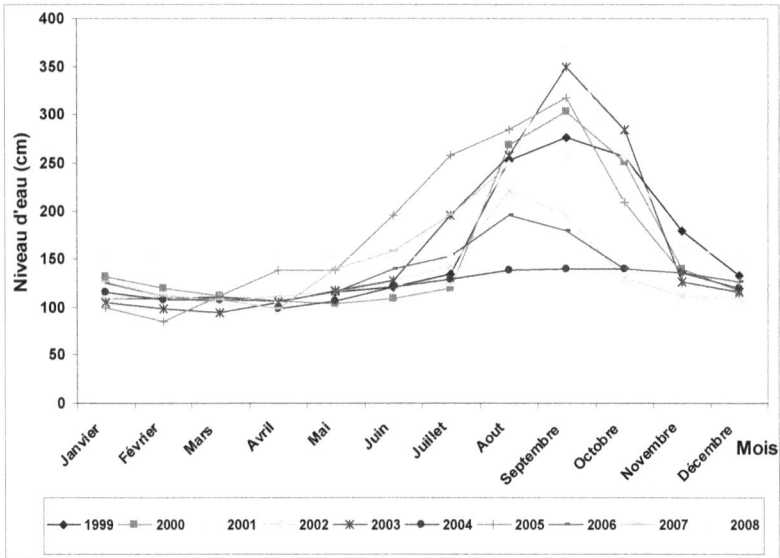

Figure 5. Evolution mensuelle du niveau des eaux de la Mare aux Hippopotames de 1999 à 2008

IV. Végétation et faune

IV.1. Végétation

On rencontre cinq (5) types de végétation dans la RBMH (ENGREF, 1989 ; Taïta, 1997 ; Bélem, 2008) qui sont : les forêts, les savanes arborées, les savanes arbustives, les formations sur cuirasse et la végétation des zones aquatiques et d'inondation (Taïta, 1997). Ces formations végétales peuvent être rattachées à des situations précises d'un point de vue morphopédologique. Elles s'échelonnent ainsi le long

42

des diverses unités morphopédologiques avec des transitions diffuses et progressives (ENGREF, 1989). Chaque formation végétale est caractérisée par un taxon qui en est l'espèce dominante (exemple des forêts galeries à *Anogeissus leiocarpus)* et le passage d'une formation végétale à une autre se fait sur la base de transition bien nette. On y rencontre les forêts, les savanes arborées et arbustives, la végétation sur cuirasse, les zones aquatiques ou d'inondation.

IV.1.1. Les forêts

Elles comprennent trois types (ENGREF, 1989 ; Taïta, 1997 ; Bélem, 2008) :

a) les forêts galeries

Elles sont caractérisées par un taux de recouvrement de 80 à 90 % pour une strate supérieure de 20 à 25 m de haut. Les espèces caractéristiques sont *Berlinia grandiflora* (Vahl) Hutch. & Dalziel, *Vitex doniana* Sweet, *Cola cordifolia* (Cav.) R.Br., *Khaya senegalensis* (Desr.) A. Juss., *Erythrophleum guineensis* G. Don et *Diospyros mespiliformis* Hochst.

b) les forêts claires

Elles ont comme caractéristiques principales un taux de couverture de 50 à 70 % et une strate arborée d'une hauteur moyenne de 15 m. On y rencontre principalement *Pterocarpus erinaceus* Poir., *Prosopis africana* (Guill. & Perr.) Taub., *Daniellia oliveri* (Rolf.) Hutch. & Dalz., *Ostryoderris stuhlmannii* (Taub.) Dunn ex Harms.

c) la forêt dense sèche

Elle est située dans le secteur de la source où la strate supérieure atteint facilement 30 m. Les espèces qui la caractérisent sont celles de la zone guinéenne ou Sud soudanienne comme *Chlorophora excelsa* (Welw.) Benth., *Berlinia grandiflora* (Vahl) Hutch. & Dalziel, *Deinbollia pinnata* Schum. & Thonn., *Morus mesozygia* Stapf, *Ceiba pentandra* (L.) Gaertin.

IV.1.2. Les savanes arborées

On distingue deux types de savanes arborées dans la RBMH (ENGREF, 1989 ; Taïta, 1997 ; Bélem, 2008). Les savanes arborées claires dont la strate arborée a un recouvrement de moins 40 % et la savane arborée dense avec une strate arborée dont le recouvrement est supérieur à 40 %. On distingue différentes façades toutes caractérisées par une strate arborée claire (15 à 20 % de recouvrement basal des talles des graminées pérennes) et par un tapis graminéen bien développé (10 à 30 % de recouvrement basal des talles des graminées pérennes). On y distingue des sous types en fonction de la composition floristique de la strate arborée. Ce sont : le type à *Isoberlinia doka* Craib & Stapf, le type à *Terminalia spp*, le type à *Daniellia oliveri* (Rolf.) Hutch. & Dalz. et à *Vitellaria paradoxa* Gaertn. C.F.

IV.1.3. Les savanes arbustives

Elles recouvrent des superficies importantes aux alentours du milieu de glacis (ENGREF, 1989 ; Taïta, 1997 ; Bélem, 2008). La strate arborée y est très faible et limitée à quelques pieds isolés des différents grands arbres de la savane et une strate herbacée à bon recouvrement de graminées pérennes.

IV.1.4. La végétation sur cuirasse

Elle présente sur photographies aériennes, un aspect caractéristique de mosaïques avec alternance de fourrés (généralement tachetés mais parfois tigrés) et de zones très peu couvertes, voire totalement dénudées (ENGREF, 1989 ; Taïta, 1997 ; Bélem, 2008). Les « cuirasses » peuvent s'étendre sur des surfaces relativement importantes.

IV.1.5. Les zones aquatiques et d'inondation

Ces zones ont une végétation caractéristique qui s'observe autour de la mare ainsi que des zones d'inondation du Mouhoun (ENGREF, 1989 ; Taïta, 1997 ; Bélem, 2008). Différents faciès de la végétation s'observent en partant de la mare vers l'extérieur :
- une végétation flottante ou prairie aquatique donnant une ceinture autour de la mare composée d'espèces comme *Pistia stratiotes* L., *Trapa natans* L., *Azolla africana* Desv.;
- un fourré dense difficilement pénétrable composé de *Ficus trichopoda* Baker ;
- une savane arborée à *Mitragyna inermis* (Wild) Kuntze et *Vetiveria nigritana* Stapf.

IV.2. Faune

IV.2.1. Les mammifères sauvages

Les études sur les mammifères sauvages terrestres sont insuffisantes, voire rares. On peut citer :
- les études de l'ENGREF (1989) qui signalaient la présence de babouins (*Papio anubis* Lesson), de patas ou singes rouges (*Erythrocebus patas* Schreber), Phacochères (*Phacochoerus africanus* Gmelin), Céphalophes (*Sylvicapra grimmia* Linnaeus), de guibs harnachés (*Tragelaphus scriptus* Pallas), de cob de Fassa (*Kobus ellipsiprymnus* Ogilby), de cob de Buffon (*Kobus kob* Erxleben), Hippotrague (*Hippotragus equinus* Desmarest) et buffle (*Syncerus caffer brachyceros* Sparrman) ;
- l'étude de Bakyono et Bortoli (1985) qui faisait cas de 68 hippopotames dans la réserve ainsi que celle de Poussy et Bationo (1991) sur l'aménagement de l'habitat des hippopotames qui a permis de dénombrer 35 hippopotames regroupés en 3 troupeaux.

L'hippopotame constitue l'espèce la plus importante de la mare. Selon Poussy et Bakyono (1991) et l'UCF/HB (2004), on recensait une trentaine d'hippopotames repartis en trois groupes de plusieurs individus. Il est intégralement protégé et vivrait en parfaite harmonie avec les pêcheurs qui exploitent la mare.

IV.2.2. Les oiseaux

La mare aux hippopotames de la RBMH est un site Ramsar qui abrite plusieurs espèces d'oiseaux. Poussy et Bationo (1991) ont recensé 125 espèces d'oiseaux reparties entre 41 familles dont les plus représentées sont les Accipitridés avec 15 espèces suivies des Ardéidés et de Plocéidés avec chacune 8 espèces, des Estrildidés et Columbidés avec chacune 7 espèces puis des Alcédinidés, des Charadriidés et des Sylviidés avec chacune 6 espèces (annexes II).

IV.2.3. Les poissons

Plusieurs études (Daget, 1957 ; Béarez, 1989 ; Poussy et Bationo, 1991 ; Coulibaly et Millogo, 2007) ont permis de recenser 23 familles de poissons dans la mare (Annexe III). Les espèces souvent pêchées sont *Tilapia nilotica*, *Tilapia galilea*, *Tilapia zillii*, *Heterotis niloticus*, *Gymnarchus niloticus*, *Clarias anguillaris*.

Les habitants des villages riverains de la forêt se sont organisés pour tirer le meilleur parti de l'exploitation de la pêche dans la Mare et les rivières de la réserve. La majorité des jeunes y viennent prélever tout au long de l'année la quantité nécessaire pour l'alimentation domestique, tandis qu'un groupe plus réduit (moins de huit jeunes) pratique la pêche artisanale à des fins commerciales.

IV.2.4. Les reptiles et autres

La RBMH renferme également des reptiles de la famille des Crocodylidae (*Crocodylus niloticus*), Pythonidae (*Python regius* et *P. seaba* Gmelin), Varanidae (*Varanus niloticu, Varanus exanthematicus*), Viperidae (*Echis ocellatus, E. leucogaster, Bitis arietans, ..*), Elapidae (*Dendroaspis polylepis, Naja nigricolis, ..*), des Colubridae et autres (Roman, 1980).

Cette réserve renferme également d'autres faunes comme les batraciens, de mollusques, les crustacés et les zooplanctons.

V. Population

Au plan socio-économique, la structure en charge de la RBMH collabore officiellement avec une dizaine de villages périphériques des départements de Padéma et de Satiri de la province du Houet à travers l'AGEREF (carte 4). La population est essentiellement composée des autochtones d'ethnie *Bobo* auxquels s'ajoutent des migrants appartenant aux ethnies *Marka, Mossé, Peulh* et *San*. Ces populations vivent principalement de l'agriculture, de l'élevage et de la pêche. Dans l'ensemble de la zone, les cultures – jachères – sols nus sont passées de 15% à 37% de 1972 à 1999, soit un accroissement moyen de 0,81% par an (Diéye et Alfari, 2002). En outre durant la saison sèche, on trouve dans la mare une trentaine de pêcheurs permanents dont dix d'entre eux sont des professionnels (Béarez, 1989).

I. Diversité faunique et ethnozoologie appliquée à la Réserve de Biosphère de la Mare aux Hippopotames

I.1. Diversité faunique et impacts humains dans la réserve

La RBMH a servi de support à de nombreuses activités de recherche sur des domaines variés incluant la botanique, la limnologie, le pastoralisme, la santé publique et dans une moindre mesure la faune sauvage (Poda, 2000 ; Bélem, 2002). Les seules études conduites et connues sur la faune sauvage sont celles de l'ENGREF (1989) portant sur l'aménagement de la réserve et de sa zone périphérique et de Poussy et Bationo (1991) portant sur l'aménagement et l'habitat des hippopotames. Plus récemment (2003-2005), on compte également les études d'inventaires pédestres généraux entreprises par le PAGEN (UCF/Haut Bassin, 2005).

Cette partie de notre étude vise à vérifier l'hypothèse de recherche qui est : «*une surveillance soutenue des aires protégées réduit l'intensité des activités anthropiques et favorise l'augmentation du cheptel faunique*».

L'étude se veut une poursuite des inventaires déjà entrepris par le PAGEN en collaboration avec le MAB/UNESCO. Il s'agit plus spécifiquement :
- de suivre les effectifs et la diversité des espèces de faune sauvage (nombre d'espèces et leur effectif) ;
- de déterminer l'impact du braconnage dans la réserve.

I.1.1. Choix de la méthode d'inventaire

Pour cette étude, nous avons opté pour la méthode d'inventaire par échantillonnage suivant les transects linéaires ou « line transect ». L'objectif de l'étude était de déterminer les différentes espèces présentes dans la réserve et de suivre l'évolution de leur effectif suite aux actions de surveillance organisées par les pisteurs et les services forestiers depuis la mise en place de l'AGEREF.

I.1.2. Plan de sondage et dispositif expérimental

Parmi les inventaires à pied utilisant la méthode des "transects en ligne" ou "Line Transect" ou encore "distance sampling", l'échantillonnage systématique a été le plus utilisé au Burkina Faso (Bousquet, 1984 ; O'Donoghue, 1987 ; Frame *et al.*, 1987 ; Belemsobgo *et al.*, 1995 ; Kafando, 2002 ; Ouédraogo, 2005).

La réserve se présente sous une forme effilée avec une longueur de 26 kilomètres et une largeur comprise entre 4 et 9 kilomètres. Selon Bélemsobgo *et al.* (1995), pour des problèmes de visibilité, une équidistance de 2 km peut être justifiée en savane alors qu'en forêt, un pas de moins d'un kilomètre est plus raisonnable. Dans notre cas, nous avons choisi une équidistance de 1000 m pour une meilleure visibilité en rapport avec la précision recherchée et l'objectif du recensement mentionné ci-dessus. Au total, vingt cinq (25) transects d'une longueur totale de 96 km ont été systématiquement installés (carte 8).

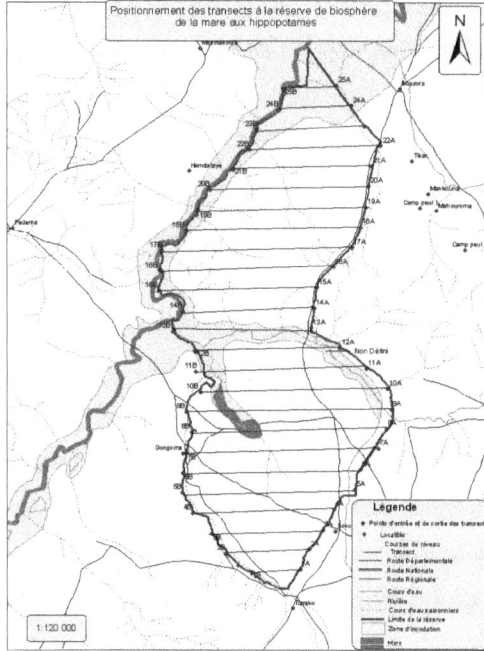

Carte 8. Transects d'inventaires pédestres de la faune dans la RBMH
(Source : UCF/HB. 2005)

I.1.3. Collecte des données

Les inventaires ont été effectués durant quatre années successives (2004, 2005, 2006 et 2007) et ce pendant chaque première semaine du mois d'avril. Chaque inventaire est réalisé en trois jours par huit équipes composées chacune de trois personnes dont un chef d'équipe et deux observateurs. Les transects sont parcourus entre 6 h et 9 h du matin correspondant à la période d'intenses activités des animaux. Les équipes se déplaçaient le long des transects à l'aide d'un GPS, d'un télémètre et d'une jumelle afin de récolter les informations nécessaires pour la définition des différents paramètres des populations animales.

50

Chaque jour après l'inventaire, les équipes se retrouvaient le soir pour faire le point. A cette occasion, les observations faites par les équipes sont comparées entre elles pour voir s'il n'y a pas de doubles comptages dont il faut éliminer de l'effectif des espèces recensées.

I.1.4. Traitement et analyse des données

Le logiciel "Distance" conçu pour l'analyse des données d'inventaire par échantillonnage de transects ou encore de placettes d'échantillonnage permet d'estimer la densité des objets recensés au nombre de contacts supérieur ou égal à 30 par espèce (Buckland *et al.*, 1993).

Compte tenu de l'insuffisance du nombre de contacts physiques avec les animaux, nous avons utilisé le logiciel Excel pour l'encodage et l'analyse descriptive des données d'inventaire. Le Taux de Réduction du Braconnage (TRB) est calculé en utilisant la formule suivante :

$$TRB = \left(\frac{NombreIndicesInventaireAn1 - NombreIndicesInventaireAn2}{NombreIndicesInventaireAn1} \right) x100$$

Le logiciel Arc view a permis de cartographier la distribution des espèces fauniques et leurs indices de présence ainsi que la distribution des indices d'activités humaines dans la réserve.

I.2. Ethnozoologie appliquée à la Réserve de Biosphère de la Mare aux Hippopotames

L'ethnozoologie est par définition l'étude des connaissances zoologiques de différentes ethnies et de leurs relations avec les espèces animales (Chevallier *et al.*, 1988). Selon ces auteurs, le terme a été utilisé pour la première fois par les anthropologues Henderson et Harrington dès 1914 qui étudiaient des tribus indiennes

51

des grandes prairies. Cette discipline ne s'est affirmée en tant que telle qu'à partir de 1963 par la création du Laboratoire d'ethnobotanique avec le développement d'un secteur consacré à l'ethnozoologie au Muséum national d'histoire naturelle de France.

En Afrique, les animaux ont une importance considérable dans les sociétés. Ainsi, les animaux totémiques ou interdits liés à chaque famille s'expliquent souvent par le choix d'un ancêtre commun appartenant à une espèce animale. En regardant les nombreuses utilisations de la faune sauvage dans la vie quotidienne des populations africaines, il apparaît plus évident que la conservation et le maintien d'un certain niveau de la population animale est nécessaire pour assurer leur identité culturelle et sociale (Chardonnet, 1995 ; Czudek, 2001). Dans les sociétés africaines, le respect, l'adoration ou l'attitude humaniste envers les animaux sauvages trouvent leur essence dans la croyance à l'interférence des forces surnaturelles entre la société des hommes et celle des animaux de la forêt (Kabré, 1996). Doucet (2003) relèvera que chez les Mahongwe du Gabon, le monde animal joue un rôle prépondérant dans l'expression des valeurs morales culturelles par la concentration des espèces animales dans la plupart des substantifs relatifs à la famille et surtout par le taux particulièrement élevé des proverbes ayant recours aux espèces animales.

A cet effet, l'ethnozoologie occupe une place de choix dans le processus de la gestion durable de forêts classées (Yaokokoré-Béibro, 1995). D'où notre hypothèse de recherche : «*une meilleure prise en compte des connaissances endogènes contribue à la gestion durable de la faune sauvage dans les aires protégées* ».

Il s'agit de recenser les connaissances endogènes sur la Réserve de Biosphère (RB) et sur la faune sauvage d'une part et de mieux caractériser ces connaissances sur l'hippopotame, espèce emblématique de la réserve d'autre part.

I.2.1. Connaissances endogènes de la RBMH et de la faune sauvage

Cette étude visait à inventorier les connaissances paysannes sur les potentialités fauniques ainsi que les méthodes endogènes mises en œuvre pour la préservation de la Réserve de Biosphère de la Mare aux Hippopotames (RBMH).

Les données ont été collectées suivant les enquêtes formelles dans six villages des dix qui bordent la RBMH et dans les campements des pêcheurs situés dans la réserve (carte 9). Le choix de ces villages a été motivé par leur accessibilité et aussi leur proximité de la mare. L'échantillon d'enquête a concerné 8 à 9 ménages choisis de façon aléatoire dans chaque village sans distinction ethnique.

L'enquête qui a été réalisée en langue nationale Dioula s'est intéressée aux données relatives à :

- l'inventaire des activités économiques de la zone d'étude ;

- la connaissance de la faune sauvage ;

- l'importance de la réserve pour la population.

Malgré le questionnaire guide que nous avons élaboré, les interviews ont été réalisées de manière Semi Structurée suivant la Méthode Accélérée de Recherche Participative (MARP) de Gueye et Freud Emberger (1991). Ces interviews ont été complétées par des observations de terrain lors des inventaires pédestres suivant les transects lines (Burnham *et al.*, 1980 ; Buckland *et al.*, 1993).

53

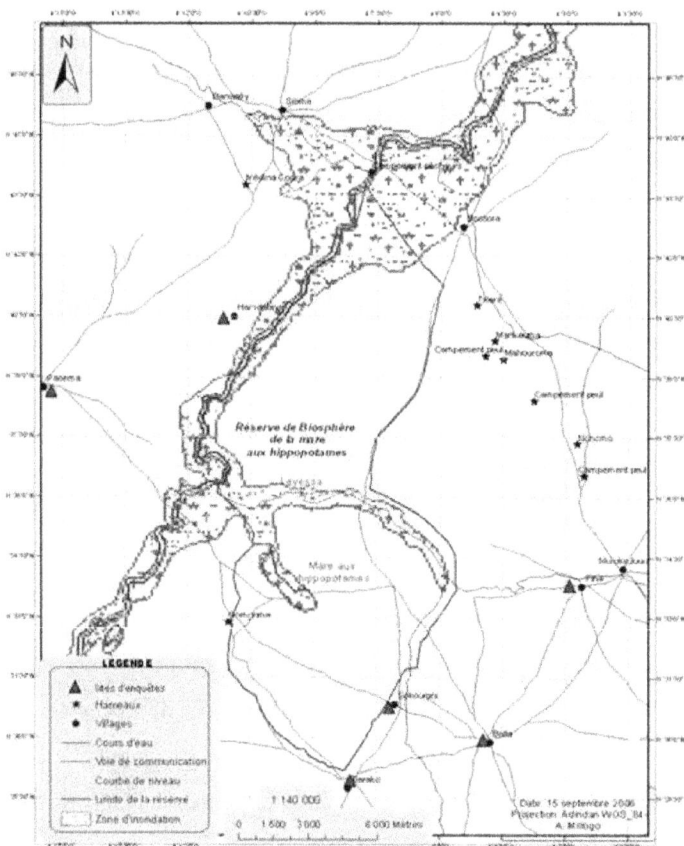

Carte 9 : Localisation de la RBMH et des sites d'enquêtes

I.2.2. Caractérisation paysanne de l'hippopotame commun

Des enquêtes formelles ont été effectuées également dans six des dix villages riverains de la RBMH et dans les campements des pêcheurs installés à l'intérieur de la réserve. Ces enquêtes ont permis de collecter des données sur la caractérisation paysanne de l'hippopotame commun (carte 9). Le choix de ces villages a été motivé par leur accessibilité et aussi leur proximité avec la mare.

L'enquête s'est intéressée aux données relatives à l'effectif et à la migration, à la différenciation sexuelle, au régime alimentaire et aux relations entre les hippopotames et les populations villageoises riveraines à la RBMH.

L'échantillon de notre enquête a concerné les agropasteurs pêcheurs, les anciens chasseurs et tradithérapeutes et les surveillants villageois de la réserve. De part leurs activités, les différents groupes socioprofessionnels nous ont semblé, en effet, plus proches des hippopotames.

Les données ont été collectées auprès de 77 agro pasteurs et pêcheurs composés majoritairement de l'ethnie *Bobo* (70) et de sept migrants dont cinq de l'ethnie *Mossé* et deux de l'ethnie *Peulh*. Les interviews ont concerné surtout l'ethnie *Bobo* car les pêcheurs de la Mare provenaient essentiellement de cette ethnie. Par conséquent, ils étaient plus en contact avec les hippopotames aussi bien dans la mare que dans leurs champs. Les pêcheurs passent toute la saison sèche à la recherche du poisson et se consacrent à l'agriculture pendant l'hivernage. Quant aux migrants, ils sont exclusivement agro pasteurs et sont par conséquent tenus à distance de la Mare ; ils ne sont en contact avec l'hippopotame que lorsqu'ils voient, pendant la saison pluvieuse, ses empreintes ou les dégâts de celui-ci dans leurs champs.

Malgré le questionnaire guide que nous avons élaboré, les interviews ont été réalisées de manière Semi Structurée suivant la Méthode Accélérée de Recherche Participative (MARP) de Gueye et Freud Emberger (1991). Ces interviews ont été complétées par des observations de terrain. La détermination de certaines espèces végétales a été possible avec la flore illustrée du Sénégal (Berhaut, 1971), les botanistes du laboratoire d'écologie de l'Université de Ouagadougou et de l'herbier national du Burkina Faso basé au Centre National de Recherche Scientifique et Technologique (CNRST).

L'analyse des données à concerner la fréquence de citations (%) des informations recherchées. Cette fréquence est obtenue suivant la proportion des ménages ayant donné l'information retenue.

II. Démographie et alimentation de l'hippopotame commun dans la RBMH

Dans la mare de la RBMH, la population d'hippopotames varierait de 68 à 24 individus (Bakyono et Bortoli, 1985 ; Poussy et Bakyono, 1991) et serait repartie en trois troupeaux. Ces troupeaux se reposeraient suivant l'axe central de la mare dans la journée en attendant le coucher du soleil pour rejoindre les gagnages par des pistes contiguës aux principales sorties situées sur les rives de la mare (Poussy et Bakyono, 1991). En outre, ces hippopotames effectueraient des migrations temporaires dès le mois de juillet, compte tenu de la montée des eaux, pour ne revenir dans la mare qu'en fin octobre ou mi novembre (Dibloni *et al.* 2009). Cela pourrait s'expliquer par l'augmentation du niveau des eaux en saison des pluies. En effet, les hippopotames vivent presque toujours en eau peu profonde, rarement en eau profonde ; et la plupart des hippopotames qui ont l'air de flotter sont en fait debout ou couchés sur le fonds (Brown, 2009).

La présence de l'hippopotame dans la RBMH offre de nombreux avantages pour les populations riveraines. Les aires de repos des hippopotames sont favorables à l'activité touristique qui constitue une source d'entrées de devises pour les populations locales. Les agri-pêcheurs assurent l'exploitation halieutique ainsi que l'exploitation touristique du site en emmenant les visiteurs voir les hippopotames (Dibloni *et al.* 2009). En outre, les ressources financières résultant du tourisme pourraient contribuer à réduire les convoitises de certaines populations villageoises situées autour des Aires Protégées (Noirard *et al.* 2004 ; Okoumassou *et al.* 2004 ; Binot *et al.* 2006).

L'étude de la démographie et de l'alimentation des populations d'hippopotame commun dans la RBMH s'articule sur deux grands axes qui sont :
- la structure démographique et les mouvements saisonniers ;
- les potentialités fourragères des gagnages utilisés par ces mammifères.

II.1. Structure démographique et mouvements saisonniers des populations d'hippopotame commun

La présence des hippopotames dans la mare de la RBMH favorise une activité touristique et représente une source de revenus non négligeables pour les populations riveraines (Dibloni *et al.*, 2009). Ces ressources financières constituent un incitant certain pour la conservation locale de l'espèce (Noirard *et al.*, 2004 ; Okoumassou *et al.*, 2004 ; Binot *et al.*, 2006). Pour améliorer cette offre touristique et préciser les objectifs de conservation, il est important de connaître l'effectif de ces hippopotames dans la RBMH et de déterminer leurs mouvements saisonniers, aujourd'hui encore inconnus.

Pour la conduite de cette étude, l'hypothèse de recherche est : «*Une meilleure connaissance de la démographie et des mouvements migratoires des populations d'hippopotames peut permettre une meilleure organisation des activités anthropiques à l'intérieur et en périphérie de la réserve et stimuler le tourisme de vision pour cette espèce emblématique de la réserve* ».

La collecte des données réalisée de 2006 à 2008 a consisté à inventorier la population d'hippopotames, à déterminer des aires de repos et de parcours, à identifier les sorties ou entrées et à localiser les zones de refuges et de migration des hippopotames.

Trois équipes ont été mises en place dont l'une s'est servie d'une barque en suivant l'axe central du plan d'eau et les deux autres à pieds en suivant le long des deux rives. Chaque équipe était composée d'un chef d'équipe chargé de noter les données sur des fiches d'observation et de deux observateurs.

L'équipe centrale (sur l'eau) était chargée de compter le nombre d'individus qui constitue le troupeau, de déterminer les différentes classes d'âge, d'apprécier la distance d'observation, de déterminer l'emplacement des troupeaux et d'identifier les animaux commensaux.

L'épaisseur de la tête a été le critère principal pour distinguer les adultes des subadultes. L'hippopotame adulte a une tête plus large que celle d'un subadulte. Les juvéniles ont été identifiés grâce à leurs comportements (à proximité ou sur le dos de leurs mères).

Pour chacune des deux équipes qui ont suivi les rives de la mare, à chaque fois que l'équipe identifiait un site de sortie, elle s'arrêtait pour enregistrer les coordonnées à l'aide du «Global Positioning System (GPS)».

Deux inventaires ont été réalisés chaque année (2006, 2007 et 2008) pour un total de 6 inventaires dont un en juin correspondant à l'étiage de la mare et un en décembre correspondant au retour présumé des hippopotames de leur migration (Dibloni *et al.*, 2009). Chaque inventaire a été réalisé en deux temps :

 - le matin entre 7 h et 10 h correspondant au retour des hippopotames des gagnages ;

 - le soir entre 15 h et 18 h, période à laquelle les hippopotames s'apprêtent à rejoindre les gagnages.

Au cours des différents inventaires, les animaux commensaux observés étaient également notés. En plus des comptages directs des hippopotames, des interviews semi-structurées complémentaires ont été réalisées selon la méthode accélérée de recherche participative (Gueye et Freud Emberger, 1991) auprès des populations riveraines, en présence du Président de l'AGEREF et avec leur consentement libre et éclairé. Avant d'aborder notre questionnaire nous leur avons expliqué les objectifs et implications de l'étude et leur avons demandé si elles étaient d'accord pour nous fournir des informations sur i) l'impact du braconnage sur les hippopotames, ii) la zone d'influence et de pâture des hippopotames, iii) la localisation de leurs zones de migration et iv) les pistes empruntées par les hippopotames pour se rendre dans les gagnages ou pour retourner dans la mare et leurs heures de passage.

A ce propos, elles ont répondu qu'elles acceptaient de nous donner toute information pouvant contribuer à la connaissance et à une meilleure protection de la réserve.

Les interviews ont été suivies de prospections partant des cours d'eau de la RBMH jusqu'à la rivière Mouhoun ainsi que la partie ouest de cette rivière qui longe la réserve.

Au cours de la prospection, les indices de présence des hippopotames (empreintes digitales et fèces) ont été relevés et enregistrés à l'aide du GPS.

La saisie et l'encodage des données collectées ont été réalisés à l'aide du tableur Excel. L'analyse statistique a été faite avec le logiciel Minitab13 et a consisté à faire la moyenne et l'écart-type des paramètres (effectif et structure en classes d'âges) suivant les années. Le logiciel Arc view a permis de cartographier la zone sous influence des hippopotames dans la RBMH, de schématiser les sorties d'hippopotames de la mare principale, de localiser les gagnages de saison sèche et les zones de migration.

II.2. Potentialités fourragères des gagnages utilisés par les hippopotames

Des études récentes ont montré que les hippopotames de la mare de la RBMH effectueraient des migrations temporaires dès les mois de juillet et reviennent entre octobre et novembre (Dibloni *et al.* 2009). Ce type de migration serait connu des hippopotames et viserait à éviter la montée d'eau et à rechercher des pâturages peu immergés (Delvingt, 1978). De ce fait, la connaissance de la diversité alimentaire de la réserve mériterait d'être suivie afin de connaître son impact sur l'effectif des populations de ce mammifère. C'est dans ce cadre que la présente étude a été entreprise en vue d'évaluer les potentialités alimentaires des hippopotames dans la réserve durant les périodes difficiles qui s'étendent de novembre à juin.

Notre démarche a consisté à vérifier l'hypothèse de recherche suivante: *le manque d'aliment en quantité et en qualité dans la réserve en saison sèche est un facteur limitant pour l'augmentation de l'effectif des hippopotames.*

Les données collectées durant trois années successives de 2007 à 2009 ont porté sur i) la recherche et l'identification des espèces végétales appétées, ii) la diversité spécifique des gagnages, iii) l'évaluation de la production végétale et de la capacité de charge de la zone de parcours des hippopotames en saison sèche.

II.2.1. Recherche et identification des espèces végétales appétées

La recherche et l'identification des espèces végétales consommées par les hippopotames ont été faites par des observations directes de broutage dans les gagnages (carte 10) telles que réalisées par de nombreux auteurs (Téhou et Sinsin, 1999 ; Amoussou *et al.* 2002 ; Amoussou *et al.* 2006; Noirard *et al.* 2004 ; Kabré *et al.* 2006). Les espèces broutées sont arrachées et mises sous presse. Elles ont été identifiées à l'herbier national de l'Institut de l'Environnement et de Recherches Agricoles (INERA) ou au Laboratoire d'Ecologie Végétale de l'Université de Ouagadougou. Dans le cas où la détermination à partir des critères végétatifs était difficile, il a fallu attendre la phase d'épiaison pour l'identification à l'aide de la flore illustrée du Sénégal (Berhaut, 1971). Ces espèces ont été aussi présentées aux agri-pêcheurs pour avoir leurs noms en langues locales.

II.2.2. Diversité spécifique des gagnages

L'étude de la diversité spécifique des gagnages a été réalisée suivant la méthode des points-contacts de Daget et Poissonnet (1971). Quatre lignes de lectures ont été disposées sur les médianes et les diagonales partant du point central d'une parcelle carrée de 2500 m². Ce dispositif a permis d'avoir quatre cents points de lecture par parcelle. Dans chaque gagnage, trois parcelles d'inventaire distantes d'environ 100 m l'une de l'autre ont été installées. Les inventaires ont intéressé quatre gagnages dont trois fréquentés en saison sèche entre novembre et juin et un en saison pluvieuse entre les mois de juillet et d'octobre (carte 10). Les inventaires floristiques des gagnages de saison sèche et saison pluvieuse ont été réalisés respectivement en juin et en octobre. Ils ont ainsi permis de comparer la contribution spécifique de deux types de gagnages (brûlé et le non brûlé).
La méthode des points-contacts utilisée a permis de calculer les paramètres caractéristiques de la végétation définis par Daget et Poissonet (1971) :

- la fréquence spécifique de l'espèce (i) FS_i qui correspond à l'ensemble des contacts de l'espèce sur la ligne ;
- la contribution spécifique de l'espèce (CS_i) qui traduit la participation de l'espèce à l'encombrement végétal aérien. Elle s'exprime par la formule ci-dessous :

$$CS_i = \frac{FS_i}{\sum_{i=1}^{n} FS_i} \times 100 \quad \text{Où} : \sum_{i=1}^{n} FS_i = \text{Somme des fréquences spécifiques des espèces}$$

dans le gagnage.

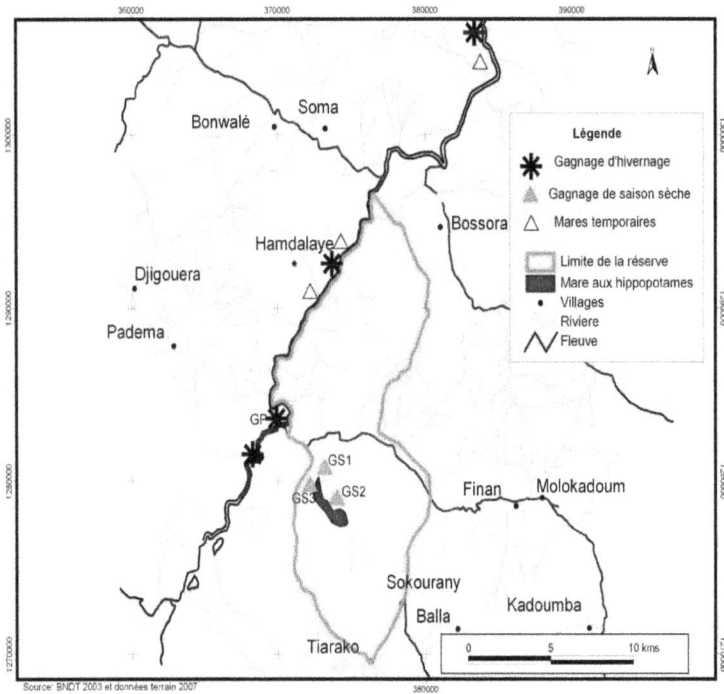

Carte 10 : Localisation des gagnages inventoriés

II.2.3. Evaluation de la biomasse et de la capacité de charge

La capacité de charge (CC) de la zone d'influence des hippopotames en saison sèche a été calculée après avoir évalué la biomasse produite dans les gagnages.

II.2.3.1. Estimation de la biomasse produite dans les gagnages

Pour estimer la biomasse produite, nous avons déterminé trois gagnages de saison sèche situés en bordure de la mare (Figure 6) différentiables par la prédominance de quelques herbacées spécifiques et leur position par rapport à la mare.

Dans chaque gagnage, nous avons installé trois parcelles de suivi. Dans chaque parcelle, dix placettes de sondage ont été délimitées à l'aide d'un cadre métallique d'un m². Les herbacées et rejets se trouvant à l'intérieur de chaque placette ont été fauchés à 5cm maximum au dessus du sol. L'opération s'est réalisée durant trois années (2007, 2008 et 2009) et chaque fois au mois de juin. Les végétaux fauchés ont étés pesés à l'état frais et après séchage à l'étuve à 70 °C pendant 72 heures. La production en biomasse des gagnages a été calculée en multipliant la matière fraîche exprimée en kg/ha par la superficie de chaque gagnage pour avoir la production spécifique à chaque entité. Ensuite la productivité moyenne des trois gagnages est reportée à la superficie de la zone de parcours des hippopotames en saison sèche.

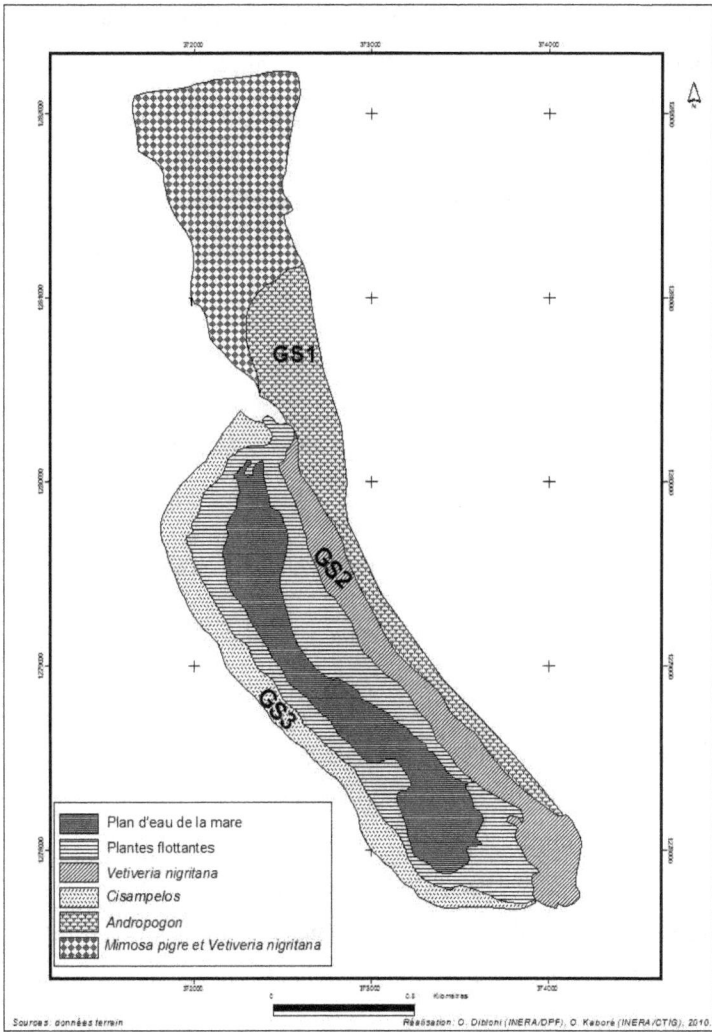

Figure 6 : Représentation schématique des gagnages parcourus par les hippopotames en saison sèche

II.2.3.2. Capacité de charge des gagnages

La capacité de charge des gagnages étudiés est obtenue sur la base de :

- 50 kg de matière fraîche consommée au maximum par jour par un hippopotame commun adulte (Haltenorth et Diller, 1977) ;
- 8 mois de pâture (novembre-juin) sur les gagnages.

En considérant que dans un pâturage seulement le tiers (1/3) de la production potentielle peut être supposée consommable par le bétail (Boudet, 1991), la capacité de charge (CC) des gagnages de la réserve a été obtenue selon la formule ci-dessous :

$$CC = \frac{PTG}{3RAH}$$

Où :

PTG= Production totale des gagnages en kg

RAH= Ration alimentaire d'un hippopotame adulte en 8 mois

$\frac{1}{3}$ = Le tiers de la production totale d'un pâturage consommé par le bétail.

II.3. Analyse des données

Les données récoltées ont été traitées à l'aide des logiciels :

- Excel pour la saisie, l'encodage et le calcul de la contribution spécifique des espèces végétales inventoriées dans les gagnages ;
- Minitab13 pour l'analyse de variance de l'effectif des hippopotames ;
- ExlStat pour l'analyse de variance de la biomasse des herbacées.

Partie III : Résultats et Discussion

I. Diversité faunique et ethnozoologie appliquée à la Réserve de Biosphère de la Mare aux Hippopotames

I.1. Diversité faunique et impacts humains dans la réserve

I.1.1. Evolution de l'effectif des espèces de faune sauvage observées dans la réserve.

Outre l'hippopotame, espèce emblématique de la réserve, nous avions recensé 15 espèces de mammifères de taille supérieure ou égale à celle de l'écureuil suite aux observations directes (tableau 2).

Tableau 2: Nombre de contacts (C) et effectif (E) observé des espèces de faune sauvage dans la RBMH suivant les inventaires pédestres de 2004 à 2007.

Effectif	Espèce		2004		2005		2006		2007	
	Nom Français	Noms Latins	C	E	C	E	C	E	C	E
1	Patas	*Erythrocebus patas*	2	19	2	12	3	11	4	13
2	Céphalophe de Grimm	*Sylvicapra grimmia*	2	2	3	3	5	5		
3	Ourébi	*Ourebia ourebi*	1	1	1	1	1	1		
4	Guib harnaché	*Tragelaphus scriptus*	1	1	4	4	4	5	5	7
5	Babouin	*Papio anubis*	1	1	2	11	2	16	2	20
6	Zorille	*Mellivora capensis*	2	4	1	1				
7	Eléphants	*Loxodonta africana*	1	5	2	9	2	13	3	21
8	Vervet	*Cercopithecus aethiops*			1	5	1	3	1	4
9	Phacochères	*Phacochoerus africanus*	3	4	2	3	3	6	5	13
10	Hippotrague	*Hippotragus equinus*	1	1	1	1	1	1	1	9
11	Chacal	*Canis adustus*	1	1					1	1
12	Civette	*Civettictis civetta*	1	2					1	1
13	Lièvre	*Lepus capensis*	1	4					3	3
14	Aulacode	*Thrionomys swinderianus*							1	1
15	Mangouste	*Herpestes ichneumon*							1	1
Total			17	45	19	50	22	61	28	94
Nombre d'espèces			12		10		9		12	

Le nombre de contacts avec les mammifères sauvages au cours des différents inventaires a évolué pour passer de 17 contacts en 2004 à 28 contacts 2007. De même, les effectifs observés sont passés de 45 à 94 individus toutes les espèces confondues, soit un taux d'accroissement annuel de plus de 36%. Cet accroissement est plus marqué chez l'éléphant, le phacochère, l'hippotrague et le guib harnaché (figure 7). Dans le cas de l'hippotrague, l'effectif est passé d'un individu en 2004, 2005 et 2006 à 9 individus à 2007.

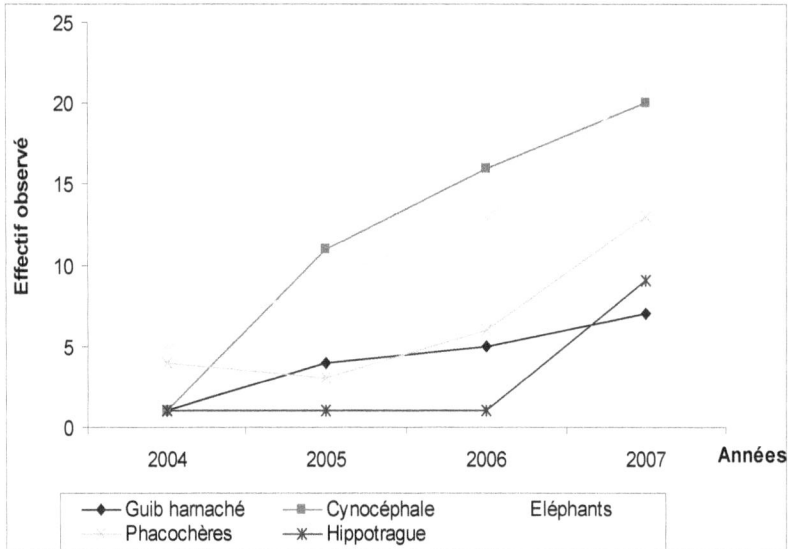

Figure 7 : Evolution des effectifs observés de quelques espèces de mammifères sauvages dans la RBMH de 2004 à 2007

I.1.2. Les indices de présence des espèces de faune sauvage dans la RBMH

En se basant sur les indices de présence (crottes, empreintes digitales, terrier, impact sur la végétation) durant les différents inventaires réalisés, environ 24 espèces de mammifères sauvages vivaient dans la réserve. L'hippotrague, le guib harnaché, le phacochère, l'éléphant, le céphalophe de Grimm et l'ourébi sont les espèces qui s'étaient manifestées le plus par leurs indices de présence (carte 11).

La comparaison des indices de présence observés au cours des quatre inventaires successifs (2004, 2005, 2006 et 2007) a révélé que le nombre d'espèces pour lesquelles les indices ont été observés est passé de 16 espèces en 2004 à 23 espèces en 2007 (tableau 3).

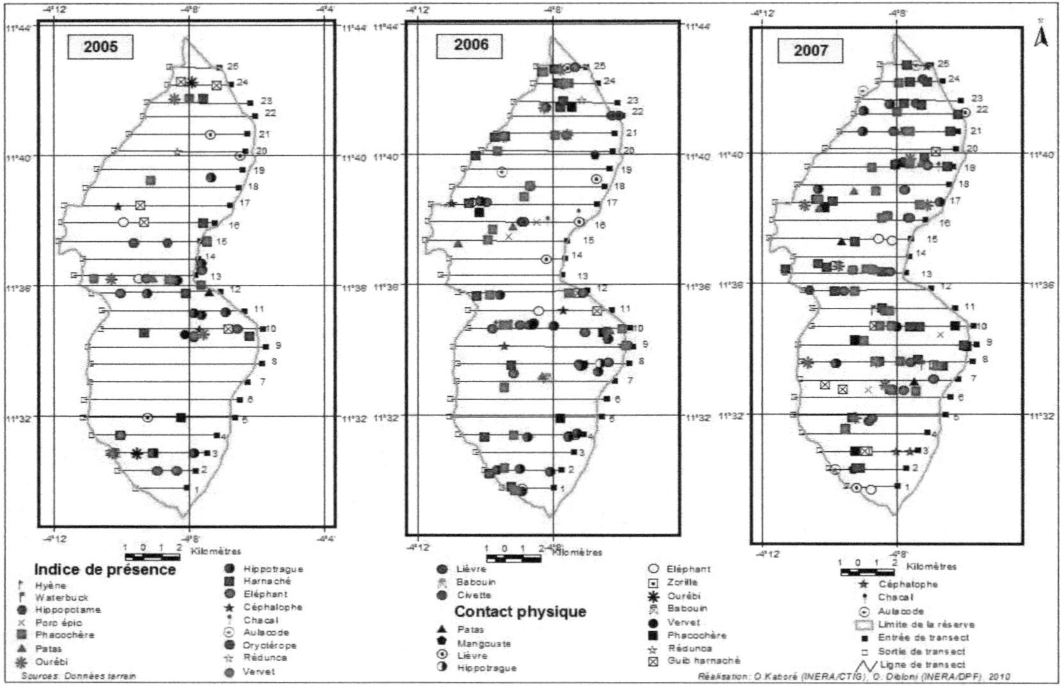

Carte 11 : Distribution des indices de présence et des observations directes de la faune sauvage de 2005 à 2007 dans la RBMH

Tableau 3. Récapitulatif des espèces recensées suivant leurs indices au cours des inventaires de 2004 à 2007

Effectif	Espèces		2004	2005	2006	2007
	Noms français	Noms Latins				
1	Aulacodes	*Thrionomys swinderianus* Temminck, 1827		X		X
2	Babouin	*Papio anubis* Lesson, 1827	X	X	X	X
3	Céphalophe de Grimm	*Sylvicapra grimmia* Linnaeus, 1758		X	X	X
4	Chacal à flanc rayé	*Canis adustus* Sundevall, 1847	X	X	X	X
5	Chat sauvage	*Felis silvestris* Schreber, 1775		X		X
6	Civette	*Civettictis civetta* Schreber, 1776		X	X	X
7	Cob de Buffon	*Kobus kob* Erxleben, 1777	X	X	X	X
8	Cob defassa	*Kobus ellipsiprymnus* Ogilby, 1833	X	X	X	X
9	Ecureuil	*Euxerus erythropus* E. Geoffroy, 1803	X	X	X	X
10	Eléphant	*Loxodonta africana* Cuvier, 1825	X	X	X	X
11	Genette	*Genetta genetta* Linnaeus, 1758		X		X
12	Guib harnaché	*Tragelaphus scriptus* Pallas, 1766	X	X	X	X
13	Hippopotame commun	*Hippopotamus amphibius* Linnaeus, 1758	X	X	X	X
14	Hippotrague	*Hippotragus equinus* Desmarest, 1804	X	X	X	X
15	Hyène rayée	*Crocuta crocuta* Erxleben, 1777				X
16	Lièvre	*Lepus capensis* Linneaus, 1758	X	X	X	X
17	Mangouste	*Herpestes ichneumon* Linnaeus, 1758		X		X
18	Oryctérope	*Orycteropus afer* Pallas, 1766	X	X	X	X
19	Ourébi	*Ourebia ourebi* Zimmerman, 1783	X	X	X	X
20	Singe rouge (Patas)	*Erythrocebus patas* Schreber, 1775	X	X	X	X
21	Phacochère	*Phacochoerus africanus* Gmelin, 1788	X	X	X	X
22	Porc épic	*Hystrix cristata* Linnaeus, 1758	X	X	X	X
23	Singe vert (vervet)	*Cercopithecus aethiops* Linnaeus, 1758		X	X	X
24	Zorille	*Mellivora capensis* Schreber, 1776	X			
Total			16	22	18	23

I.1.3. Indices de braconnage

Au cours des différents inventaires, la présence de plusieurs activités anthropiques (planche 3) a été constatée à travers la présence des douilles de fusils, des pièges à dents de loup et à aulacodes, des affûts des chasseurs, des carcasses d'animaux sauvages, des fours de boucanage, des troupeaux de bétail domestiques, etc. Des coups de feu ont même été entendus. Tous ces indices sont la preuve de l'existence du braconnage dans le site de la RBMH. Toutefois, avec l'intervention du projet PAGEN entre 2004 et 2007, le braconnage a connu une constante régression caractérisée par une diminution des indices de braconnage dans la réserve (Carte 12). Ainsi, pour un total de 255 indices relevés en 2005, 142 et 106 indices ont été constatés respectivement en 2006 et en 2007 (annexe IV) ; soit un taux de réduction de braconnage de 44,30% et de 58,40 %.

71

a

b.

c

d.

e.

Planche 3 : Photos d'indices de braconnage constatés dans la RBMH (a. Pièges à dents de loup ramassés dans la RBMH; b. Piège à aulacodes vu de profil; c. Piège à oiseaux;   d. Affût; e. Fusils saisis)

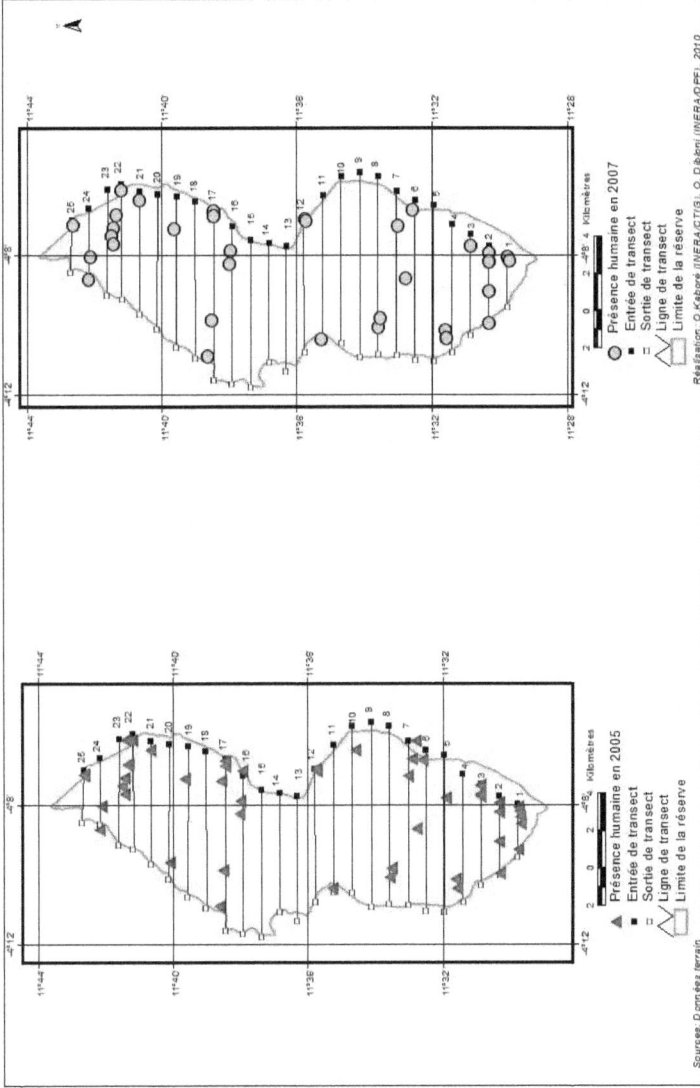

Carte 12 : Répartition des indices de présence des activités humaines en 2005 et en 2007 dans la RBMH

73

I.2. Ethnozoologie appliquée à la Réserve de Biosphère de la Mare aux Hippopotames

I.2.1. Connaissances endogènes de la RBMH et de la faune sauvage

I.2.1.1. Caractérisation économique de la zone d'étude

a) Structure de la population

Dans chaque ménage, nous avons dénombré en moyenne 9 personnes, en âge de travailler, constituées du chef de ménage, de deux épouses et de six enfants en moyenne. La moyenne d'âge des chefs de ménages est de 48 ans avec un minimum de 22 ans et un maximum de 90 ans. Au total, 50 ménages ressortissant des six villages échantillonnés ont été enquêtés (tableau 4).

Les différentes ethnies rencontrées dans cette zone d'étude se composent principalement de la population autochtone *Bobo* (84 %) et des migrants constitués de *Mossé* (12 %), de *Peulh* et de *San* (4 %) venus à la recherche de terres fertiles.

Sur le plan religieux, les musulmans sont les plus nombreux (60 %), puis viennent les animistes (32 %) et les chrétiens (8 %).

Tableau 4 : Structure de l'échantillon enquêté

Villages	Echantillon			Age moyen des ménages (an)
	Effectif des ménages	Nombre de personnes enquêtées	Pourcentage des ménages (%)	
Bala	9	81	18	53
Fina	8	72	16	49
Padema	9	81	18	39
Hamdalaye	8	72	16	42
Sokourani	8	72	16	51
Tiarako	8	72	16	55
Total	50	450	100	48

b) Activités économiques de la zone

Il existe plus d'une dizaine d'activités économiques dont la principale activité est l'agriculture qui occupe 100% de la population suivie de l'élevage (32 % de la population). D'autres activités comme le petit commerce, la pêche et autres sont menées par les habitants (tableau 5).

L'enquête a révélé que 18 % de la population pratique trois activités, 58 % de la population effectue au moins deux activités différentes à la fois et 100 % de la population mène au moins une activité économique (tableau 5)

Tableau 5 : Taux de répartition de la population (%) suivant les différentes activités économiques

Activités	Principales	Secondaires I	Secondaires II	Total
Agriculture	100			100
Elevage	0	20	12	32
Pisteur (surveillance)	0	12	2	14
Apiculture	0	4	0	4
Pêche	0	8	0	8
Alphabétisation	0	2	0	2
Couturier	0	2	0	2
Petit commerce	0	6	2	8
Réparation de cycles et vélomoteurs	0	2	0	2
Maraboutage	0	2	0	2
Pépiniériste	0	0	2	2
Total	100	58	18	

La démographie galopante et la pression foncière consécutives à la monétarisation de l'agriculture font peser de lourdes menaces sur les formations classées du pays. La Réserve de Biosphère de la Mare aux Hippopotames n'est pas en reste. En effet, on dénombre dix (10) villages périphériques et une multitude de hameaux de culture autour la réserve.

I.2.1.2. Connaissance de la faune sauvage

Les résultats relatifs aux connaissances endogènes de la faune sauvage dans la Réserve de Biosphère s'articulent sur les points suivants :

- La diversité spécifique des espèces de faune dans la réserve ;
- La faune sauvage dans la pharmacopée traditionnelle ;
- Les aspects culturels des activités de chasse et de pêche ;
- L'importance du braconnage dans la réserve ;
- Les conflits entre la faune sauvage et les hommes ;
- Les interactions entre la faune sauvage et le bétail domestique ;
- La protection de la faune sauvage.

a) Diversité spécifique de la faune sauvage présente dans la réserve

Les résultats d'enquêtes auprès des habitants indiquent qu'il existe plus de trente sept (37) espèces de faune sauvage dans la RBMH. La fréquence de citation (%) de ces espèces animales indique que trente (30) d'entre elles sont connues par plus de 50% de la population villageoise. Toutes les espèces citées sont appelées par leur nom local « Bobo » (tableau 6). Les sorties de terrain et les inventaires pédestres réalisés ont permis de confirmer la présence de 28 espèces de faune les plus connues par la population. Pour le reste des espèces citées, la présence de certaines espèces (Bubale, Buffle) dans la réserve est mitigée tandis que d'autres espèces (Céphalophe à flanc roux, lions, Panthère) semblent avoir totalement disparu de la réserve (tableau 6).

Tableau 6 : Liste des espèces d'animaux sauvages présentes dans la réserve selon la population

Ordres	Familles	Noms scientifiques	Espèces		Fréquences (%)
			Non courant	Nom en langue "Bobo"	
Artiodactyles	Bovidae/Alcelaphinae	*Alcelaphus buselaphus major* Pallas, 1766	Bubale	Ton, Tango	22*
	Bovidae/Bovinae	*Syncerus caffer brachyceros* Sparrman, 1779	Buffle	Kibègnanga, Toou, Sigui	32*
	Bovidae/Cephalophinae	*Sylvicapra grimmia* Linnaeus, 1758	Céphalophe de Grimm	Wourè, Djafing	84
		Cephalophus rufilatus Gray, 1846	Céphalophe à flanc roux	Wa, Djawulé, Koo woura	50**
	Bovidae/Reduncinae	*Kobus kob* Erxleben, 1777	Cob Buffon	Paré, Song	48*
		Redunca redunca Pallas, 1767	Rédunca	Konkoro	38*
		Kobus ellipsiprymnus Ogilby, 1833	Waterbuck	Fougoula, Sissin	64
	Bovidae/Tragelaphinae	*Tragelaphus scriptus* Pallas, 1766	Guib harnaché	Fon, Mina	90
	Bovidae/Hippotraginae	*Hippotragus equinus* Desmarest, 1804	Hippotrague	Saga gnagan, Daguè	76
	Bovidae/Neotraginae	*Ourebia ourebi* Zimmerman, 1783	Ourébi	Kouo, Dja	60
	Hippopotamidae	*Hippopotamus amphibius* Linnaeus, 1758	Hippopotame	Diri, Dourou	98
	Suidae	*Phacochoerus africanus* Gmelin, 1788	Phacochère	Kibè tèguè, Saga tèguè	84
Carnivores	Canidae	*Canis adustus* Sundevall, 1847	Chacal à flanc rayé	Demèkalé	74
	Felidae	*Felis silvestris* Schreber, 1775	Chat sauvage	Saga zakouma	52
		Panthera leo Linnaeus, 1758	Lions	Zara	6**
		Panthera pardus Schlegel, 1857	Léopard	Sogoo, Fièfra	8**
	Viverridae	*Civettictis civetta* Schreber, 1776	Civette	Gotien, Wata	56
		Genetta genetta Linnaeus, 1758	Genette	Konoma	56
	Hyaenidae	*Crocuta crocuta* Erxleben, 1777	Hyène	Samiri	60
	Herpestidae/Herpestinae	*Herpestes ichneumon* Linnaeus, 1758	Mangouste	Sun	54
Insectivores	Erinaceidae	*Erinaceus albiventris* Wagner, 1841	Hérissons	Koundou	54

Tableau 6 (Suite)

Ordres	Famille/S. Famille	Espèces			Fréquences (%)
		Nom scientifique	Nom en français	Nom en langue « **Bobo** »	
Lagomorphes	Leporidae	*Lepus capensis* Linneaus, 1758	Lièvre	Moou	68
Primates	Cercopithecidae	*Papio anubis* Lesson, 1827	Babouin	Séguè laba	74
	Cercopithecidae	*Erythrocebus patas* Schreber, 1775	Singe rouge	Founa, Fna pènè	80
	Cercopithecidae	*Cercopithecus aethiops* Linnaeus, 1758	Singe vert	Founa, Lè fna	84
Proboscidiens	Elephantidae	*Loxodonta africana* Cuvier, 1825	Eléphant	Koro	94
Crocodylien	Crocodylidae	*Crocodylus niloticus* Laurenti, 1768	Crocodile	Yiloo, Yilé, Bamba	74
Squamata	Pythonidae	*Python regius* Shaw, 1802 et *P. seaba* Gmelin, 1788	Python	Sansa, Samia sa	54
	Viperidae	*Bitis arietans* Merrem	Vipère heurtante	Fotoro, Cotoro	80
	Elapidae	*Naja sp.*	Naja	Diguiré, Dissiré	80
	Varanidae	*Varanus niloticus* Linnaeus, 1766	Varans	Séguèrè	54
		Varanus exanthematicus Bosc, 1792	Guele tapée	Kui, Kudju	54
Rongeurs	Thrionomyidae	*Thrionomys swinderianus* Temminck, 1827	Aulacode	Corè, Cognina	68
	Sciuridae	*Euxerus erythropus* E. Geoffroy, 1803	Ecureuil	Tomgoulé, Guèrèni	62
	Hystricidae	*Hystrix cristata* Linnaeus, 1758	Porc-épic	Sanè, bala	70
	Muridae/Crycetomyinae	*Cricetomys gambianus* Waterhouse, 1840	Rat voleur	Toro, Tènè	56
Tubulidentés	Orycteropodidae	*Orycteropus afer* Pallas, 1766	Oryctérope	Wuro kouéré, Timba	58

Légende :

* : espèce dont la présence est douteuse

** : espèce disparue de la réserve

78

b) La faune sauvage dans la pharmacopée traditionnelle

Quatre des 35 espèces de faune sauvage de la RBMH sont utilisées en médecine traditionnelle ou pour les forces occultes. Il s'agit de l'hippopotame dont les os de la queue brûlés soignent les sunisites et la peau soigne les démangeaisons. Les mains et la queue des patas, les poils du phacochère et les piquants du porc-épic sont utilisés pour le bien-être ou pour la détention de puissances occultes. Quelques personnes dont les chasseurs traditionnels semblent détenir le secret.

c) Aspects culturels des activités de chasse et de pêche

1. Aspects culturels de la chasse

Pour 50% de la population, il existe bien des coutumes liées à la chasse. C'est par exemple l'initiation des jeunes garçons appelée « *Zomabara*», en langue Bobo du village de Tiarako, qui consiste à passer 3 jours et 3 nuits dans la forêt. Durant cette période, les jeunes abattent des animaux sauvages pour leur alimentation. L'initiation a lieu tous les sept ans et au mois de mars ou d'avril où la population est libre. A cette période les responsables de cette activité coutumière appelés «*yèlèbiré* ou *yèlèvo* » fixent la date d'initiation.

Pour ce qui est de la poursuite de cette pratique coutumière avec l'existence des différents textes administratifs, 60 % de la population qui reconnaît l'existence de cette chasse pense qu'il existe des autorisations verbales ou écrites qui permettent aux responsables coutumiers «*yèlèbiré* ou *yèlèvo* » d'honorer leur pratique. Le reste de la population (40%) n'a pas donné de réponses.

2. Aspects culturels liés à la pêche

L'existence de la pêche coutumière ou « *Forobanama* » (en langue Bobo) est connue par seulement 36% de la population. Elle consiste à faire un déversoir « *moudo* ou *tiin* » en langue Bobo en avale de la mare où tous les poissons sont ramassés et distribués entre les membres de la communauté (planche 4).

Cette pêche coutumière durerait une semaine et le dernier jour est consacré à un repas familial avec les produits issus de la pêche. A cette occasion les chefs de terre ou « *lagakoncé* » en langue Bobo font quelques sacrifices pour supplier les ancêtres de bénir leurs activités.

Planche 4 : Photos de scène de partage des produits de la pêche traditionnelle : a (petits poissons) ; b (gros poissons divisés) dans la RBMH (© Dibloni O.T., 2010)

d) Braconnage dans la réserve

Selon 30% de la population, le braconnage sévit toujours dans la réserve. Il est surtout pratiqué en saison sèche, entre les mois de novembre et de mai, après le passage des feux de brousse (figure 8). Toutes les espèces d'animaux sont recherchées par les braconniers ; mais 33 % et 26 % de la population estiment respectivement que les porcs-épics, les lièvres et les oiseaux sont les plus abattus (figure 9).

Pour réduire les actions du braconnage, la population suggère :

-   le renforcement des équipes de surveillance de l'AGEREF par leur formation et leurs équipements ;

-   l'intensification des patrouilles avec la collaboration des services forestiers

-   et la poursuite des actions de sensibilisation.

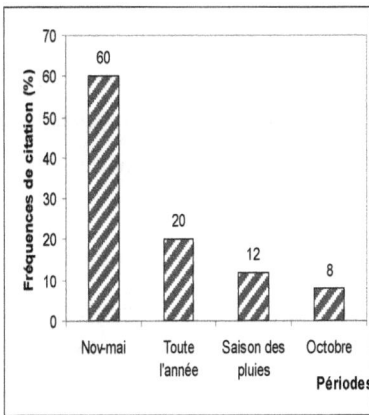

Figure 8: Fréquences de citations (%) des périodes de braconnage selon la population

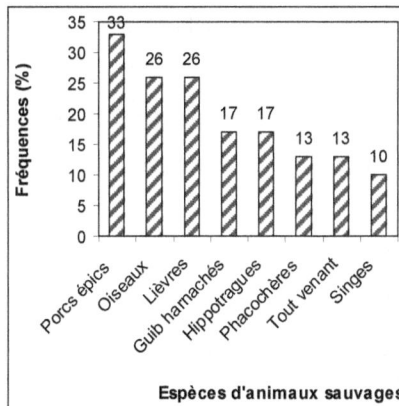

Figure 9: Fréquences de citations (%) des espèces d'animaux sauvages braconnés

e) Conflits entre la faune sauvage et les hommes

Dans cette étude, il s'agissait surtout d'inventorier les différents dégâts causés par les animaux sauvages sur les activités humaines et les méthodes endogènes mises en place pour éviter ces désagréments. A ce sujet, 88% de la population a affirmé que les animaux sauvages détruisent les cultures dans les champs ainsi que des filets de pêche. Les dégâts sur les cultures sont causés par au moins 9 espèces de faune sauvage (figure 10). A dire d'acteurs, les dégâts les plus fréquents sont causés par les singes (34,6%), les hippopotames (29,6%), les éléphants (13,6%) et six autres espèces.

Les dégâts d'hippopotames ont été surtout relevés dans le département de Padéma où des accidents mortels sur des pêcheurs ont été enregistrés. Les accidents mortels ont lieu pendant la période de mise-bas des femelles. Les cas les plus récents concernent la mort d'un pêcheur et d'un autre gravement blessé que nous avons pu voir avant son évacuation au Centre Hospitalier Régional Souro SANOU de Bobo Dioulasso en avril 2008.

Les dommages causés par la faune sauvage aux cultures portent essentiellement sur les céréales citées par 56 % de la population, le coton (19%) et les vergers (figure 11). Des filets de pêche sont détruits également dans 9,2% des cas. Des dégâts sont observés toute l'année avec une plus grande fréquence en saison pluvieuse (figure 12).

Pour lutter contre les invasions, des mesures sont entreprises pour minimiser les risques. Le gardiennage des champs, l'instauration du vacarme, l'installation du feu et de la fumée, l'implantation d'un épouvantail ou l'installation des champs loin de la Réserve sont autant de mesures entreprises par la population et les projets de développement pour lutter contre l'invasion de la faune sauvage (figure 13).

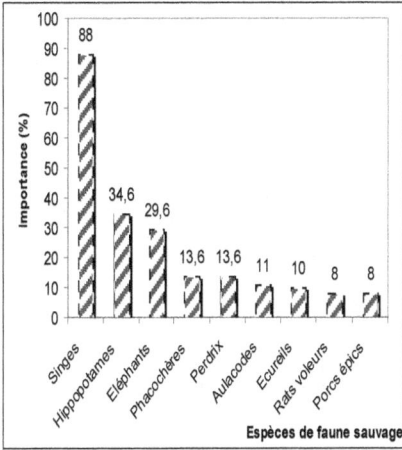

Figure 10: Importance (%) des espèces de la faune sauvage responsables des dégâts sur les cultures

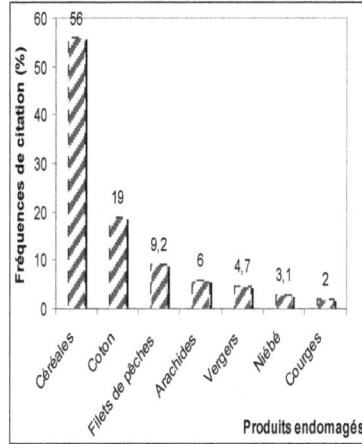

Figure 11: Fréquences de citations (%) des produits endommagés

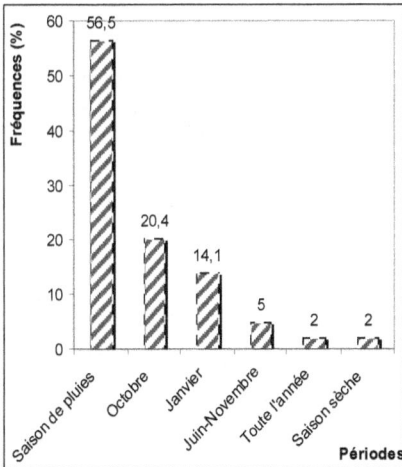

Figure 12: Fréquences de citations (%) des périodes de constatations des dégâts

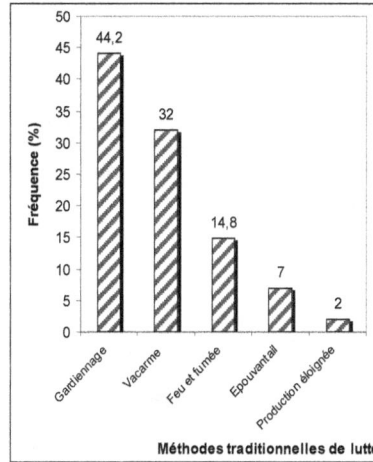

Figure 13: Fréquences de citations (%) des méthodes traditionnelles de lutte contre l'invasion des animaux

f) Interactions entre la faune sauvage et le bétail domestique

Afin de s'assurer des possibilités de cohabitation entre la faune sauvage et les animaux domestiques, 62% de la population interviewée (composée d'éleveurs *Peulh* et d'agropasteurs *Bobo*) dit n'avoir aucune connaissance de cette cohabitation ou que cela n'a jamais été possible. Mais 38 % de la population a affirmé que cette cohabitation s'effectuait il y a au moins trente (30) ans de cela et concernait les herbivores entre eux. C'est le cas des regroupements:

- petits ruminants domestiques (ovins et caprins) avec les guibs harnachés cités par 26% de la population ;
- bovins avec les buffles cités par 8% de la population ;
- asins avec les waterbucks cités par 4% de la population.

Selon 6% de la population, cette cohabitation était à l'origine de certaines maladies de la peau du cheptel domestique.

g) Protection de la faune sauvage

Dans ce paragraphe, il s'agit d'inventorier les espèces « totems », les connaissances que la population a des espèces intégralement protégées par l'Etat burkinabé, les activités nuisibles à la survie de la faune sauvage et les moyens à mettre en œuvre pour éviter la disparition des mammifères sauvages de ce patrimoine.

1. Espèces totems ou espèces sauvages protégées par les traditions

Il y a environ 18 espèces de faune sauvage qui sont interdites d'abattage et de consommation par les populations riveraines dont 17 chez les *Bobo* et 5 chez les *Mossé*. Les espèces inventoriées sont surtout les oiseaux, les reptiles, les rongeurs, les primates, les suidés, les carnivores (annexe V). Les espèces qui font l'objet de totem dans plusieurs familles sont surtout le singe et le python cités par 31% de la population ; puis viennent l'hippopotame, la panthère, le crocodile, l'éléphant, l'écureuil, le varan, l'hyène, etc. Les familles des populations riveraines autochtones ayant les patronymes MILLOGO, DAO, KONATE et OUATTARA dans l'ethnie *Bobo* ont respectivement 12, 7, 5 et 4 animaux sauvages comme totems (annexe V). Le patronyme SANOU de l'ethnie *Bobo* n'a que le Varan du Nil comme espèce totem. Parmi les migrants *Mossé*, les BELEM et les BADINI ont le Python comme espèces totems et les SAWADOGO la panthère. Les BAGAGNAN ont pour totem le python, l'éléphant et l'hippopotame.

Si l'interdiction d'abattre ou de consommer ces espèces de faune sauvage relève de la tradition coutumière, il y a également l'influence de l'islam. C'est le cas des primates et de certains reptiles.

Malgré le caractère totémique des espèces animales, certaines d'entre elles ont disparu. C'est le cas des grands félins comme le lion et la panthère. Il y a aussi le buffle dont les inventaires n'ont pas pu révéler sa présence.

2. Connaissance des espèces de faune protégées par l'Etat

La population villageoise à 90% reconnaît qu'il existe effectivement des espèces intégralement protégées par l'Etat. Selon cette population, il existe une quinzaine d'espèces dont les plus connues sont surtout les hippopotames et les éléphants cités respectivement par 77, 8% et 73,3% de la population. Viennent ensuite, les crocodiles, les lions et les panthères cités respectivement par 8,9% et 6,7% de la population.

3. Connaissance des activités nuisibles à la faune sauvage et suggestion de quelques actions pour leur conservation

Les activités nuisibles à la survie de la faune sauvage sont connues par plus de 92% de la population. L'activité la plus destructrice de la RBMH serait le braconnage. Il y a également les feux tardifs, la coupe de bois, la présence d'animaux domestiques, les champs de cultures en bordure de la réserve et la croissance démographique (figure 14).

Pour l'amélioration de la conservation des mammifères sauvages, la population suggère sept types d'actions concourant à réduire les activités anthropiques illicites ou légales conduites dans la RBMH. Les activités les plus importantes sont :

- l'intensification de la surveillance en collaboration avec les services forestiers, les pisteurs de l'AGEREF ;
- la mise en place d'un comité de lutte contre les feux tardifs et la coupe abusive du bois ;
- la poursuite de la sensibilisation et l'équipement des surveillants.

Ces suggestions sont faites respectivement par 82%, 34%, 18% et 16% de la population (figure 15).

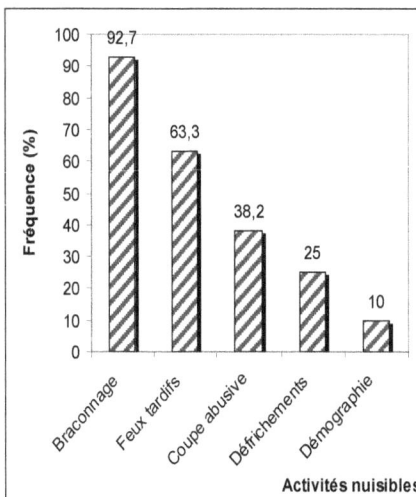

Figure 14: Fréquences de citations (%) de l'importance des activités nuisibles à la conservation de la faune sauvage

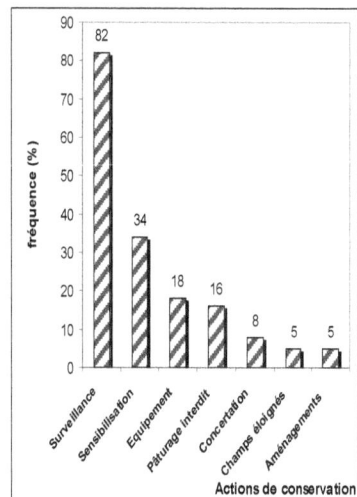

Figure 15: Fréquences de citations (%) de quelques actions de conservation de la faune sauvage et son habitat

I.2.1.3. Importance de la réserve pour la population

Dans ce volet, il s'agissait :

-       de vérifier si la population connaît le statut de la réserve et les
        bénéfices qu'elle peut y tirer ;

-       de déterminer les facteurs qui favorisent la présence ou la disparition
        des espèces de faune sauvage.

a) Statut et bénéfices de la RBMH

Il ressort des enquêtes menées en 2006, que 96% de la population est informé que
la RBMH est un patrimoine mondial depuis environ 10 ans. Environ 91% de cette
population déclarait que l'amélioration de la diversité végétale et le retour de la
faune sauvage suite à la reconstitution de la végétation sont autant de bénéfices
qu'elle tire de la RBMH (figure 16). Il y a aussi la création d'emplois avec le
développement des guides touristiques, des surveillants de forêts, la pêche
commerciale, l'exploitation des bois morts et autres.

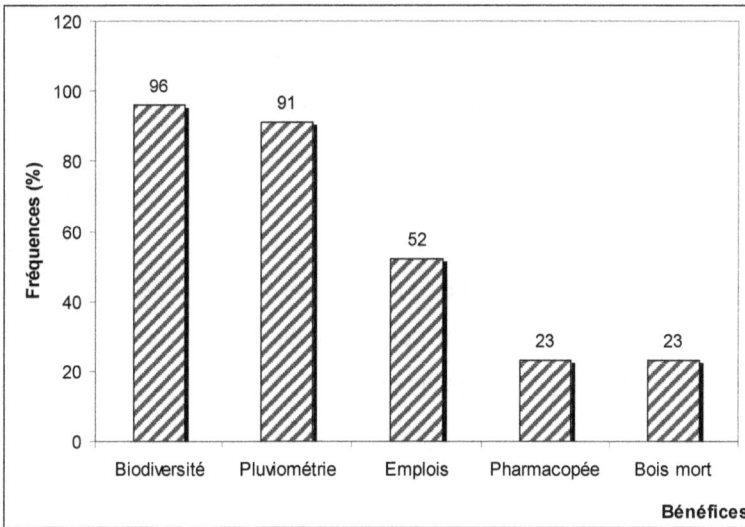

Figure 16: Fréquences de citations (%) des bénéfices de la réserve

b) Facteurs favorisant la présence ou la disparition de la faune sauvage dans la RBMH

Comme précédemment énoncé, 68 % de la population indique que le céphalophe à flanc roux, le lion et la panthère sont des espèces de faune qui ont disparu de la réserve. Selon cette population, certaines espèces comme l'hippotrague sont revenues dans la réserve avec l'intervention du PAGEN. Le reste des interviewés (32%) estime qu'il n'y a pas eu de disparition d'espèces d'animaux sauvages mais plutôt une diminution des effectifs. Cette diminution est observée il y a en moyenne 24 ans de cela ; soit deux ans après l'intervention du PAGEN en 2003.

Huit facteurs entraîneraient la disparition et ou la diminution des effectifs d'espèces de la faune sauvage dans la réserve (figure17). Les plus dangereux pour la survie de la faune sauvage seraient le braconnage, les feux de brousse et l'impact du cheptel domestique cités respectivement par 62%, 52% et 28% de la population. L'enquête révèle que le braconnage est à la fois l'œuvre des populations riveraines et des citadins qui posent souvent des pièges et utilisent des fusils de chasse de calibre 12 (planche 3). Les citadins qui pénètrent dans la réserve avec des véhicules seraient surtout à la base de la diminution des mammifères sauvages. Dans les villages de Tiarako et de Sokourani, la population a insisté surtout sur le carnage de la faune sauvage qu'il y a eu pendant la guerre Mali Burkina Faso en 1974.

Cependant, 7 facteurs ont favorisé le retour ou l'accroissement des populations d'animaux sauvages dans la réserve dont le principal est l'intensité de la surveillance de la forêt évoquée par 96 % de la population (figure18). Cette intensité de la surveillance s'explique par l'effort conjugué des services forestiers et des surveillants villageois de l'AGEREF et aussi par l'ouverture du service forestier du département de Padéma citée par 18 % de la population.

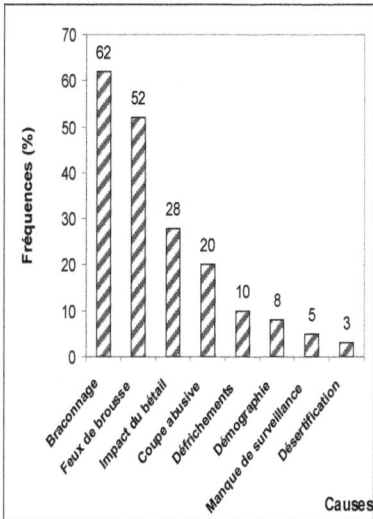

Figure 17: Fréquences de citations (%) des facteurs de disparition ou de diminution des espèces d'animaux sauvages

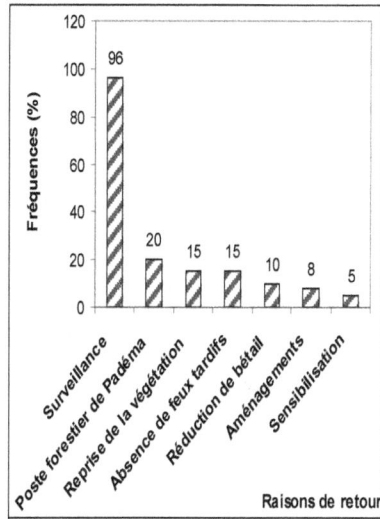

Figure 18: Fréquences de citations (%) des facteurs de retour des espèces de mammifères sauvages

I.2.2. Caractérisation paysanne de l'hippopotame commun

I.2.2. 1. Effectif des hippopotames selon les populations villageoises

La population enquêtée est constituée de 91% de l'ethnie *Bobo* (population autochtone) et 9% de migrants dont 6,5% de *Mossé* et 2,5% de *Peulh*. L'échantillon d'étude était composé d'anciens chasseurs et de tradithérapeutes (19,5%), de pasteurs (24,7%), de pêcheurs (27,3%), de surveillants de la réserve (20,5%) et autres (8%).

La présence des hippopotames dans la réserve a été confirmée par la totalité des personnes enquêtées. Selon 77,6% d'entre elles, l'effectif de ces hippopotames serait d'environ 33 individus repartis entre 2 à 4 troupeaux de tailles variables. Ces personnes ont aussi affirmé qu'il existe une migration saisonnière des hippopotames qui s'effectue au début du mois de juillet, qui est la période au cours de laquelle, les hippopotames quittent la mare pour ne revenir qu'au mois d'octobre. Durant leur absence de la mare, les hippopotames sont présents dans les cours d'eau peu profonds situés aux abords de la réserve.

I.2.2.2. Critères de différenciation sexuelle des hippopotames selon les populations

Sur l'ensemble des personnes enquêtées (77 au total), 27,3% n'arrivent pas à faire la différenciation sexuelle chez les hippopotames. Des critères morphologiques et éthologiques ont été cités par 72,7% des enquêtés (96,4% de *Bobo* et 3,6% de *Mossé*) vivant en bordure de la réserve qui savaient différencier l'hippopotame mâle de la femelle (tableau 7). Les migrants *Mossi* qui distinguent les sexes sont ceux qui font partie de l'équipe de surveillance de la réserve. Selon ces populations riveraines, l'hippopotame mâle différerait de la femelle par une masse plus importante au plan morphologique dont les critères de distinction sont cités en langue Dioula suivant les expressions ci-dessous :

- «*a bognan ani fari sogo djangnan*» qui se traduit par « sa grosseur et la longueur du corps »;
- «*a koungolo bognan*» qui se traduit par « la grosseur de sa tête » ;
- «*a ko kolo tamassien*» qui se traduit par « son épine dorsale ».

Pour ce qui concerne la différenciation sur le plan comportemental, elle serait perceptible lorsque le troupeau est en déplacement. Selon les enquêtés, le mâle supérieur se tiendrait régulièrement en arrière alors que la femelle se place le plus souvent à l'avant du troupeau ; enfin la femelle serait souvent aperçue en compagnie des juvéniles.

Tableau 7: Critères de diagnose chez les hippopotames selon les populations riveraines de la RBMH

Critères		Mâle	Femelle	Fréquences de citation (%)
Morphologique	Tête	Épaisse	mince	69,2
	Abdomen	Loin du sol	Près du sol	23,1
	Corps	Long et gros	Trapue (ramassée)	37,5
	Canines	Grosses	Minces	12,8
	Epine dorsale	saillante	Effacée	34,0
	Nez	plat	droit	7,7
Ethologique	Déplacement	Dernier du troupeau	En tête du troupeau	53,4
	Soins parentaux	Non accompagné	Souvent accompagné d'un jeune	5,4
	Réaction face à un danger	Premier à réagir	Lent à réagir	12,2

I.2.2.3. Régime alimentaire des hippopotames

Les hippopotames de la Mare prennent leur alimentation dans la mare, les prairies aquatiques et exondées ainsi que dans les champs de cultures pendant l'hivernage. Selon 49,4% des enquêtés, les hippopotames vont paître la nuit dans les gagnages situés sur les berges de la mare entre 19h et 20h et retournent dans l'eau au petit matin (entre 5h et 6h).

Selon les agro pêcheurs et les surveillants de la réserve, le régime alimentaire de l'hippopotame serait constitué préférentiellement des herbacées (53,3% des citations), suivies des feuilles d'arbustes (24,3%) et le cas échéant des rejets et des plantes céréalières (22,4%). Les prairies aquatiques et les champs des cultures céréalières (riz, *Oryza barthii* A. Chev. ; maïs, *Zea mays*) situés près des berges seraient les principales aires de pâture des hippopotames (planche 5) pendant la saison des pluies.

Planche 5. Photos des gagnages fréquentés par les hippopotames
(a : Prairie aquatique à *Andropogon africanus*; b : Périmètre rizicole
ravagé par un troupeau d'hippopotames)

Quarante et une espèces végétales ont été identifiées par les agro-pêcheurs (tableau 8) dont les principales espèces appétées sont des herbacées connues sous le nom de « *mali biin* » en langue Dioula. Il s'agirait de : *Leersia hexandra* Swartz, *Echinochloa stagnina* P. Beauv., *Echinochloa colona* Link, *Schizachyrium sanguineum* (Retz.) Alston, *Andropogon africanus* Franch, *Andropogon pseudapricus* Stapf, *Cissampelos mucronata* A. Rich, *Sporobolus pyramidalis* P. Beauv.et *Digitaria horizontalis* Willd.

92

Tableau 8 : Espèces végétales appétées par les hippopotames selon les *Bobo* des environs de la RBMH

Effectif	Famille	Espèces
1	Araceae	*Pistia stratiotes* L.
2	Asteraceae	*Grangea maderaspatana* (L.) Poir.
3		*Ambrosia maritima* L.
4	Azolaceae	*Azolla africana* Desv.
5	Capparidaceae	*Crataeva adansonii* DC.
6	Ceratophyllaceae	*Ceratophyllum demersum* L.
7	Caesalpiniaceae	*Cassia mimosoides* Linn.
8	Convolvulaceae	*Merremia tridenta* (L.) Hallier f.
9		*Ipomoea aquatica* Forsk.
10	Cyperaceae	*Cyperus digitatus* Roxb.
11		*Cyperus rotondus* L.
12	Euphorbiaceae	*Phyllanhtus muellerianus* (O. K. Tze)Exell.
13	Fabaceae	*Sesbania sesban* (Linn.) Merrill.
14	Ficoïdeae	*Oldenlandia* sp
15	Menispermaceae	**Cissampelos mucronata A. Rich.***
16	Mimosaceae	*Mimosa pigra* L.
17		*Neptunia oleracea* Lour.
18	Nympheaceae	*Nymphea lotus* L.
19	Onagraceae	*Ludwigia adscendans* P
20		***Andropogon africanus* Franch ***
21		*Andropogon ascinodis* C. B. Cl.
22		***Andropogon pseudapricus* Stapf***
23		***Digitaria horizontalis* Willd.***
24		***Echinochloa colona* Link.***
25		***Echinochloa stagnina* P. Beauv.**
26	Poaceae	***Leersia hexandra* Swartz***
27		*Monocymbium ceresiiforme* (Nees) Stapf.
28		*Oryza barthii* A. Chev.
29		*Paspalum orbiculare* (Presl.)
30		***Schizachyrium sanguineum* (Retz.) Alston***
31		***Sporobolus pyramidalis* P. Beauv.***
32		*Vetiveria nigritana* Stapf
33		*Zea mays* L.
34	Polygonaceae	*Polygonum limbatum* Meins.
35		*Polygonum senegalensis* Meins.
36	Rubiaceae	*Morelia senegalensis* A. Rich.
37		*Mitragyna inermis* (Wild) Kuntze
38	Sapindaceae	*Cardiospermum halicacabum* L.
39	Sterculiaceae	*Melochia corchorifolia* L.
40	Trapaceae	*Trapa natans* L.
41	Verbenaceae	*Stachystarpheta angustifolia* (Mill.)

*: Espèces végétales les plus consommées par les hippopotames d'après les enquêtées

I.2.2.4. Relations hippopotames et populations villageoises riveraines de la RBMH

L'enquête réalisée a permis de déterminer les avantages et les conflits issus de la cohabitation hommes hippopotames ainsi que la place de ces hippopotames dans la tradition des sociétés villageoises riveraines. S'agissant des conflits, les hippopotames seraient responsables de dégâts sur les cultures et les filets de pêche (soit respectivement 49,5% et 28,6% de citation) ainsi que de quelques accidents mortels sur les pêcheurs par des femelles suitées (figure 19).

A côté de ces rapports conflictuels, la présence des hippopotames dans la Mare de la Réserve de Biosphère aurait des effets bénéfiques en termes d'écotourisme (80,5% des citations), de génération de revenus par le tourisme et d'accroissement de la production piscicole (76,6% de citations), d'accroissement de biodiversité animale (43,3% des citations) et d'éducation des enfants (30,6% des citations). Il existe d'autres domaines non moins importants comme la pharmacopée et les rites culturels reconnus par 10% des personnes enquêtées (figure 20). Sur le plan pharmacologique, la peau de l'hippopotame soignerait des démangeaisons. Les os de la queue et du front seraient recherchés pour invoquer des puissances occultes.

S'agissant des rites culturels, la viande de l'hippopotame et à défaut du crocodile serait exigée avant la programmation de certaines cérémonies coutumières annuelles. Selon les populations du village de Sokourani, lorsqu'un hippopotame tuait un homme et que ce dernier restait immergé au fond de l'eau, il fallait procéder à certains sacrifices pour permettre au cadavre de remonter en surface. Aussi, lorsqu'un hippopotame mourait dans l'eau il fallait recourir à des sacrifices pour demander la clémence des ancêtres avant d'accéder à nouveau à la mare ; ce n'est qu'ensuite que la viande était distribuée aux populations villageoises riveraines pour consommation. Les populations villageoises de Sokourani affirment en outre qu'en traversant les endroits de la mare où étaient immergés les hippopotames, il suffisait de prononcer qu'il y a «un bois» en dessous et la traversée s'effectuait librement sur le dos de ces animaux.

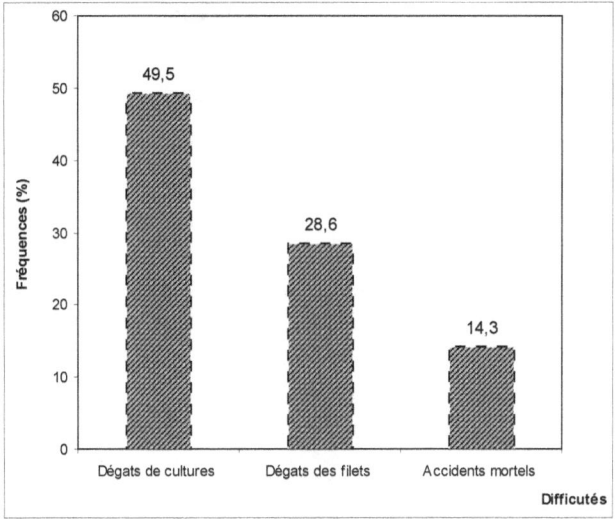

Figure 19 : Fréquence de citations (%) des difficultés dues aux hippopotames

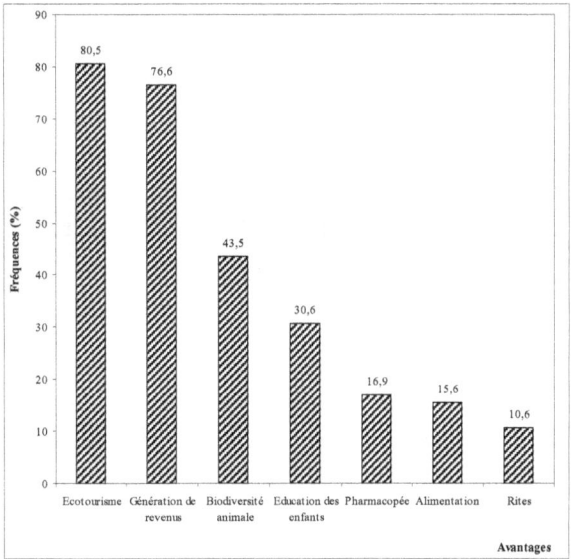

Figure 20 : Fréquence de citations (%) des avantages des Hippopotames

95

II. Démographie et alimentation de l'hippopotame commun dans la RBMH

II.1. Structure démographique et mouvements saisonniers des populations d'hippopotames

L'inventaire des hippopotames a permis de connaître l'effectif de la population, de localiser les aires de repos et d'identifier les différentes sorties situées sur les rives de la mare.

II.1.1. Effectif et structure des hippopotames dans la mare

Les effectifs moyens des hippopotames inventoriés à la barque ont été de 35 individus en 2006 et de 41 individus en 2007 et 2008. Ces différents effectifs représentaient les hippopotames vivant en permanence dans la mare entre novembre et juillet (Tableau 9).

Tableau 9. Nombre de troupeaux et effectif des hippopotames dans la mare de la Réserve de Biosphère de la Mare aux Hippopotames de 2006 à 2008

Années	Période	Nombre de Troupeaux	Effectif observé
	Juin	4	33
	Décembre	3	37
	Moyenne	4	35
2006	**Ecart-type**	± 1	± 4
	Juin	4	40
	Décembre	2	42
	Moyenne	3	41
2007	**Ecart-type**	± 1	± 1
	Juin	3	42
	Décembre	3	40
	Moyenne	3	41
2008	**Ecart-type**	0	± 2

L'analyse de la structure en classes d'âges donnait 32 adultes, 5 subadultes et 4 juvéniles en décembre 2008 (Tableau 10).

96

Tableau 10. Effectif des hippopotames par classes d'âges dans la mare de la Réserve de Biosphère de la Mare aux Hippopotames de 2006 à 2008

Années	Période	Adultes	Subadultes	Juvéniles
2006	Juin	22	6	5
	Décembre	19	11	7
	Moyenne	21	8	6
	Ecart-type	± 2	± 4	± 2
2007	Juin	27	7	6
	Décembre	28	8	6
	Moyenne	28	7	6
	Ecart-type	0	± 1	0
2008	Juin	31	6	5
	Décembre	32	4	4
	Moyenne	32	5	4
	Ecart-type	± 1	± 2	± 1

II.1.2. Zone d'influence des hippopotames

Le traitement des données sur les indices de présence des hippopotames relevés dans la réserve a permis d'estimer la zone d'influence de ce mammifère en saison sèche à une superficie de 14,80 km². Cet espace s'étendait des sources du cours d'eau qui engendrait la mare (le Tinamou) jusqu'à la confluence de la mare avec le Mouhoun et remontait aussi le cours d'eau Leyessa (carte 13).

En ce qui concerne l'emplacement des troupeaux, les observations ont montré un déplacement de l'aire de repos des hippopotames durant les différentes années d'inventaire.

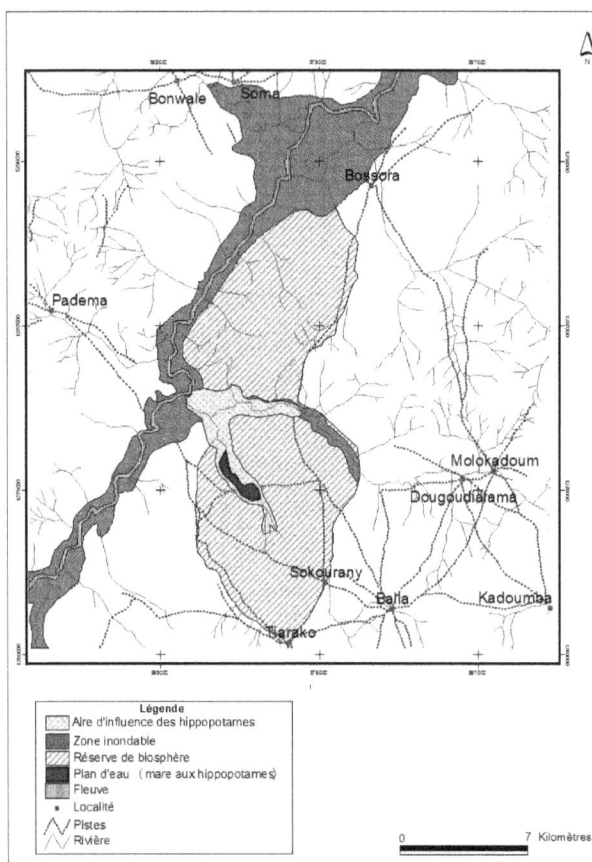

Carte 13. Délimitation du domaine vital des hippopotames en saison sèche

II.1.3. Animaux commensaux

Les oiseaux suivants ont été identifiés comme des animaux vivant en compagnie des hippopotames en saison sèche: le héron cendré (*Ardea cinerea*), le héron pourpré *(Ardea purpurea)*, le héron crabier (*Ardeola ralloides*), le héron garde-bœuf (*Bubulcus ibis*), le cormoran africain (*Microcarbo africanus*), le jacanas (*Actophilornis Africana*), le vaneau du Sénégal (*Vanellus senegallus*), l'ombrette (*Scopus umbretta*), la poule d'eau (*Gallinula chloropus*), le martin pêcheur (*Ceryle rudis*), le choucador (*Lamprotornis chalybaeus*) et le rollier (*Coracias caudatus*).

98

II.1.4. Braconnage

Des entretiens menés avec les pêcheurs, il est ressorti qu'entre 1991 et 2008, une dizaine d'hippopotames auraient été braconnés dont 5 entre 2007 et 2008.

II.1.5. Identification des sites de sorties ou entrées et des refuges des hippopotames

En saison sèche, les hippopotames, revenus dans la mare de la RBMH empruntaient, pour accéder aux gagnages, des pistes qui sont reliées à la mare par des sorties situées sur les rives. Au cours des différents inventaires nous avons dénombré près d'une dizaine de points de sorties ou d'entrées situés de chaque côté des rives de la mare (Fig. 21).

Toutes ces pistes convergeaient vers des gagnages (Carte 14) qui étaient souvent des repousses sur zones inondables où les surveillants pratiquaient des feux de végétation précoces après le retrait des eaux. Ces gagnages étaient les suivants :

- Le pâturage constitué de *Andropogon africanus* Franch., *Andropogon ascinodis* C. B. Cl., *Andropogon gayanus* Kunth et *Schizachyrium sanguineum* (Retz.) Alston situé à 200 m environ au nord de la Mare ;

- Le pâturage à *Vetiveria nigritana* Stapf, *Ipomoea aquatica* Forsk, *Trapa natans* L., *Sporobolus pyramidalis* P. Beauv., *Pistia stratiotes* L., etc., situé entre l'ancienne piste d'entrée à la Mare et l'extrême nord de la mare ;

- Le pâturage à dominance de *Leersia hexandra* Swartz, situé à l'extrême sud de la Mare ;

- Le pâturage à *Cissampelos mucronata* A. Rich. grimpant sur les plants de *Mitragyna inermis* (Wild) Kuntze situé le long de la rive ouest de la Mare.

En outre, nous avons constaté que les sorties ou entrées des hippopotames étaient les passages utilisés par les agri-pêcheurs à la recherche de poissons. Ces passages leur permettaient d'accéder facilement au lit de la mare et très souvent ils installaient leurs filets de pêche en ces lieux.

Le suivi nocturne des mouvements des hippopotames a montré que ces mammifères utilisaient ces passages entre 18 h et 20 h pour se rendre dans les pâturages et pour ne revenir qu'après l'alimentation entre 5 h et 6 h.

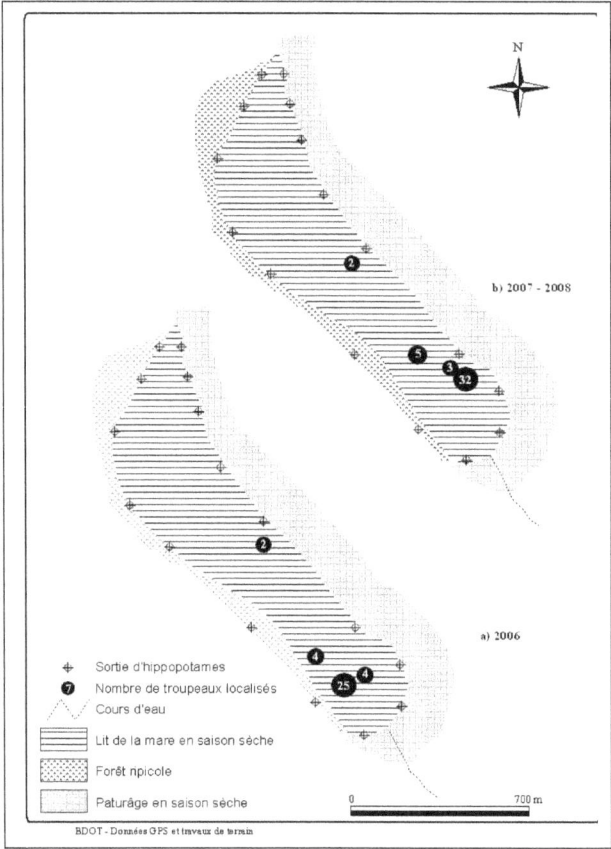

Figure 21. Représentation schématique des aires de repos des troupeaux d'hippopotames dans la Mare de la Réserve de Biosphère de la Mare aux Hippopotames (a. décembre 2006 ; b. décembre 2007 et 2008)

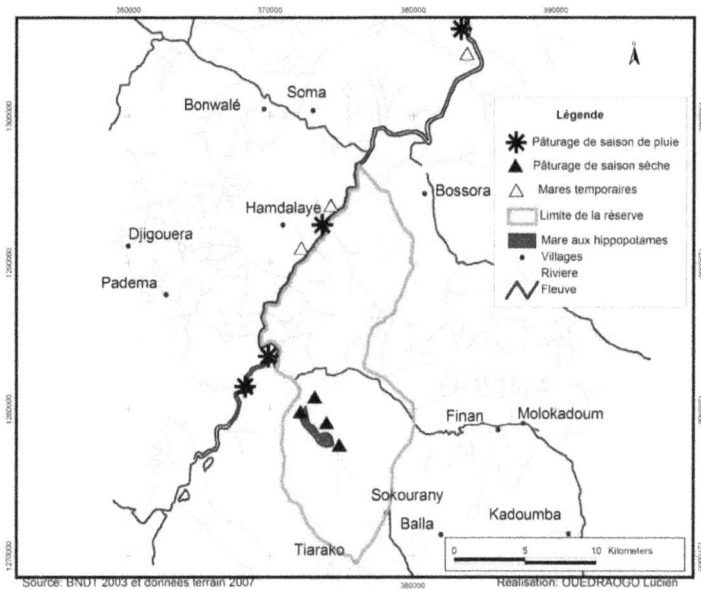

Carte 14. Localisation des pâturages et des mares de migration des hippopotames

La comparaison de l'inventaire de juin 2006 à celui de juin 2008 a montré une augmentation d'effectif de 9 individus. Mais, la comparaison des effectifs fait ressortir un croît de 6 individus entre l'inventaire de 2006 et celui de 2008. Cette augmentation de l'effectif du troupeau était plus sensible chez les adultes car il est passé de 22 individus en juin 2006 à 32 individus en décembre 2008 (Tableau 10). Ces hippopotames semblaient jouir d'une grande quiétude à telle enseigne que nous les avons trouvé souvent en repos aux abords de la mare (planche 6). Ils étaient même observables à 50 m de distance. Ces hippopotames étaient regroupés en 3 troupeaux dont le plus grand troupeau était constitué de 35 individus, un deuxième de 5 individus et le troisième d'un vieux couple d'hippopotames aux inventaires de décembre 2007 et de juin 2008 (Fig. 18).

Outre les pâturages, il est également apparu que les sorties étaient contiguës à des pistes qui convergeaient vers des forêts ripicoles constituées de peuplements de *Morelia senegalensis* A. Rich qui étaient des zones de refuges d'hippopotames (planche 7).

101

Planche 6. Photo d'un troupeau d'hippopotames au repos en bordure de
la Mare de la RBMH

Planche 7 : photo d'un refuge d'hippopotame constitué de plants
de *Morelia senegalensis*

II.1.6. Localisation des zones de migration des hippopotames

Pendant les périodes de crues, les populations d'hippopotames migraient vers des eaux peu profondes où ils attendaient la fin des pluies (au cours du mois d'octobre) pour rejoindre la Mare. Durant les différentes sorties de terrain, quatre zones de migration situées le long des rives de la rivière Mouhoun ont été identifiées (carte 14).

Il s'agit des mares de Barkanassin, d'Oui, de Hamdallaye et de Sanadé dans le département de Padéma. Ces mares sont situées à proximité des prairies aquatiques où les hippopotames s'alimentaient pendant la saison pluvieuse. En plus des pâturages naturels, ces gros mammifères pénétraient parfois dans les champs des villages voisins où ils consommaient les pieds de céréales tels que le maïs et le riz (Planche 5 b).

II.2. Potentialités fourragères des gagnages utilisés par les hippopotames

II.2.1. Espèces végétales consommées par les hippopotames

Le suivi des gagnages et la visite des champs après le passage des hippopotames ont permis d'identifier quarante deux (42) espèces végétales consommées par les hippopotames (tableau 11). Ces espèces se repartissent entre 15 familles dont les plus représentées sont les Poaceae, les Cyperaceae, les Caesalpiniaceae et les Convolvulaceae constituées respectivement de 17, 5, 4 et 3 espèces. Les autres familles sont représentées seulement par une ou deux espèces. Les espèces végétales spontanées les plus consommées sont celles de la famille des Poaceae, des Cyperaceae, des Menispermaceae et des Trapaceae (tableau 11). Dans les parcelles de cultures, le maïs et le riz sont les espèces consommées par les hippopotames. Sur la quarantaine d'espèces identifiées, une trentaine soit 75% du total sont désignées par des noms vernaculaires « Bobo » (tableau 11). Celles qui n'ont pas pu être nommées sont désignées par le nom générique «lièssogo » qui signifie herbes de rivières. C'est le cas de Ludwigia adscendans P, Cardiospermum halicacabum L. (tableau 11).

Tableau 11: Liste des espèces végétales composant le bol alimentaire des hippopotames

N°	Famille	Noms scientifiques	Appellation en langue locale « Bobo »
		Espèces	
1	Araceae	*Stylochiton hypogaeus* Lepr.	Kpiyéssoun
2	Azolaceae	*Azolla africana* Desv.	« Azola »
3		*Cassia nigricans* Vahl.	Lièssogo
4	Caesalpiniaceae	*Cassia mimosoides* L.	Lièssogo
5		*Daniellia oliveri* (Rolfe) Hutch. and Dalz.	Kpélé
6		*Piliostigma thonningii* (Schum.) Milne-Redh	Tébé
7	Capparidaceae	*Crataeva religiosa* Forst. f.	Djassara
8		Ipomoea aquatica Forsk.	Tourgoufié
9	Convolvulaceae	Ipomoea *eriocarpa* R.Br.	Tourgoufié
10		Ipomoea vagans Baker *	Tourgoufié
11		Cyperus distans L.	Kakawi
12	Cyperaceae	Cyperus haspan L.	Wiyéssogo
13		*Cyperus digitatus* Roxb.	Kakawi
14		*Cyperus rotondus* L.	Kakawi
15		*Fuirena umbellata* Rottb.*	Kakawi
16	Fabaceae	*Vigna filicaulis* Hepper*	Lièssogo
17		*Sesbania sesban* (Linn.) Merrill	Nondassogo
18	Hyacinthaceae	*Dipcadi longifolium* (Lindl.) Baker	Simiridjèmère
19	Menispermaceae	*Cissampelos mucronata* A. Rich. *	Tourgoufié
20	Nympheaceae	*Nymphea lotus* L.	Batolé
21	Onagraceae	*Ludwigia adscendens* P	Lièssogo
22		*Andropogon africanus* Franch *	Sogossa
23		*Andropogon ascinodis* C. B. Clarke *	Sogopènèssa
24		*Andropogon gayanus* Kunth *	Sogossa
25		*Digitaria horizontalis* Willd. *	Lièssogo
26		*Echinochloa colona* (L.) Link. *	Kaniwani
27		*Echinochloa stagnina* (Retz.) P.Beauv. *	Kaniwani
28		*Leersia hexandra* (Doell.) Swartz. *	Bèlè
29		*Loudetia simplex* C. E. Hubbard *	Kpinguin
30		*Oryza longistaminata* A.Chev. & Roehr.*	Tchèfagamalo, wayawaya
31	Poaceae	*Oryza barthii* A. Chev. *	Miri
32		*Paspalum scrobiculatum* L. *	Binécata
33		*Schizachyrium sanguineum* (Retz.) Alston *	Lièssogo
34		*Setaria barbata* (Lam.) Kunth *	Pélé
35		*Sorghum arundinaceum* (Desv.) Stapf *	Korotougou
36		*Sporobolus pyramidalis* P. Beauv. *	Lièssogo
37		*Vetiveria nigritana* (Benth.) Stapf	Djétiin
38		*Zea mays* L. *	Mainkara
39	Rubiaceae	*Gardenia* sp	Tocal
40		*Mitragyna inermis* (Wild) Kuntze	Kalaa
41	Sapindaceae	*Cardiospermum halicacabum* L.	Lièssogo
42	Trapaceae	*Trapa natans* L.*	Tchinkwala

* : Espèces végétales les plus consommées par les hippopotames

104

II.2.2. Diversité spécifique des gagnages

L'inventaire effectué dans les différents gagnages (carte 10) a permis de relever 92 espèces végétales dont 4 espèces ligneuses qui sont : *Daniellia oliveri, Piliostigma thonningii, Mitragyna inermis* et *Crataeva religiosa* (tableau 12). Dans le gagnage de saison pluvieuse (GP), 57 espèces soit 61,9% des espèces se trouvant sur les gagnages ont été recensées (tableau 12). Dans les gagnages de saison sèche (GS1, GS2 et GS3), ont été recensées respectivement 18, 30 et 23 espèces (tableau 12). Les espèces inventoriées sont constituées de 26 familles dont la plus représentée (34,8% des espèces) appartient à la famille des Poaceae. La deuxième famille est celle des Fabaceae présente avec 11 espèces, soit 12% des espèces inventoriées. Puis viennent les familles des Cyperaceae, Asteraceae, Caesalpiniaceae, Convolvulaceae et Rubiaceae avec chacune cinq espèces et la famille des Tiliaceae représentée par deux espèces. Les autres familles comptent chacune une seule espèce (tableau 12).

La contribution spécifique des espèces inventoriées a permis de distinguer les espèces dominantes de chaque gagnage. Ainsi, *Andropogon africanus* Franch demeure l'espèce dominante avec une CSi de 35,92% parmi les 18 espèces recensées dans le GS1 dont la somme des fréquences spécifiques des espèces est de 941. Elle est suivie de *Loudetia simplex* C. E. Hubbard et de *Andropogon ascinodis* C. B. Clarke avec respectivement 22,10% et 13,92% de CSi (tableau 12).

Dans le GS2 où la somme des fréquences spécifiques est égale à 1758 pour les 30 espèces recensées, l'espèce dominante est *Cyperus haspan* L. var. americanus Boeckl. avec une CSi de 19,06%. Elle est suivie par *Cyperus distans* L. f. et de *Cissampelos mucronata* A Rich. avec respectivement 9,90% et 8,53% de CSi (tableau 12). S'agissant du GS3 dont la ΣFSi est de 1758 pour les 23 espèces recensées, l'espèce dominante est *Herderia truncata* Cass. var. Chev. avec une CSi de 25,73%. Elle est suivie de *Cyperus haspan* et *Cissampelos mucronata* ayant respectivement 20,14% et de 12,87% de CSi (tableau 12).

Dans le gagnage de saison pluvieuse (GP) où la ΣFSi est de 2117 pour 57 espèces relevées, *Paspalum scrobiculatum* L. est l'espèce dominante avec une contribution spécifique de 39,4%. Elle est suivie par *Sorghastrum stipoides* (Kunth) Nash, *Sporobolus pyramidalis* P.Beauv. et *Panicum wallense* Mez. dont les contributions spécifiques sont respectivement de 8,97 %, 5,76% et 5,48% (tableau 12).

Tableau 12 : Contribution spécifique (%) des espèces végétales recensées par famille dans chacun des quatre gagnages inventoriés

N° d'Ordre	Famille	Espèces Noms scientifiques	GS1	GS2	GS3	GP
1	Acanthaceae	*Monechma ciliatum*				0,1
2	Amaranthaceae	*Alternanthera sessilis*				0,2
3	Araceae	*Stylochiton hypogaeus*	3,4			0,3
4		*Ageratum conizoides*		0,2		
5		*Eclipta prostrata*		0,5	0,5	
6	Asteraceae	*Grangea maderaspatana*		0,2		
7		*Herderia truncata*		4,8	21,3	
8		*Vicoa leptoclada*				0,05
9	Azolaceae	*Azolla africana*		0,8		
10		*Cassia nigricans*				0, 05
11		*Cassia tora*				0,1
12	Caesalpiniaceae	*Cassia mimosoides*	0,6			
13		*Daniellia oliveri*	2,6			3,2
14		*Piliostigma thonningii*	0,8			0,3
15	Capparidaceae	*Crataeva religiosa*			0,1	
16		*Ipomoea aquatica*		3,2	2,0	
17		*Ipomoea eriocarpa*				5
18	Convolvulaceae	*Ipomoea vagans*		1,6	3,3	0,4
19		*Melochia corchorifolia*		3,3	6,0	3,4
20		*Merremia tridenta*		1,4	3,6	
21		*Cyperus distans*		7,7	1,3	
22	Cyperaceae	*Cyperus haspan*	0,4	**24,6**	**22,3**	
23		*Fuirena umbellata*			0,3	
24		*Scleria bulbifera*				0,2
25		*Scleria foliosa*	5,2			
26		*Scleria verrucosa*				0,1
27	Euphorbiaceae	*Phyllanthus amarus*	0,3	2,1	0,2	0,05
28		*Aeschynomene indica*				1,6
29		*Alysicarpus ovalifolius*				0,6
30		*Alysicarpus rugosus*				0,1
31		*Crotalaria retusa*				1,6
32	Fabaceae	*Indigofera colutea*				7,8
33		*Indigofera dendroides*	0,1			0,1
34		*Moghania faginea*				1,1
35		*Sesbania sesban*		8,1	4,0	
36		*Stylosanthes erecta*				0,1
37		*Tephrosia pedicellata*				2,6
38		*Vigna filicaulis*				3,9
39	Hyacinthaceae	*Dipcadi longifolium*	0,8			
40	Iridaceae	*Gladiolus klathianus*				0,2
41	Lamiaceae	*Hyptis spicigera*				0,8
42		*Hibiscus asper*	0,3			
43		*Sida acuta*				0,1
44	Malvaceae	*Sida ovata*		0,8		
45		*Sida stipulata*				1,8
46		*sida urens*				0,2

Tableau 12 (suite)

47	Menispermaceae	*Cissampelos mucronata*		10,8	13,7	
48	Onagraceae	*Ludwigia adscendens*		0,2		
49		*Andropogon africanus*	34,9			03,1
50		*Andropogon ascinodis*	17,4			
51		*Andropogon gayanus*	2,9			3,1
52		*Andropogon tectorum*				0,2
53		*Aspilia bussei*			1,2	0,05
54		*Brachiaria disticophylla*				0,7
55		*Brachiaria lata*				0,1
56		*Brachiaria xantholeuca*				0,1
57		*Dactyloctenium aegyptium*				0,05
58		*Digitaria horizontalis*		3,9		
59		*Echinochloa colona*			0,2	0,1
60		*Echinochloa stagnina*		1,2		
61		*Hackelochloa granularis*	0,3			
62		*Hyparrhenia rufa*				0,5
63		*Leersia hexandra*		2,1		
64		*Loudetia simplex*	18,8			
65		*Oryza longistaminata*				1,0
66	Poaceae	*Panicum fulvum*		0,5		
67		*Panicum phragmitoides*				0,2
68		*Panicum wallense*				5,1
69		*Paspalum scrobiculatum* L.			0,4	**39,4**
70		*Pennisetum pedicellatum*				0,1
71		*Schizachyrium platyphylla*				0,5
72		*Schizachyrium sanguineum*	8,8			
73		*Setaria barbata*		5,1	2,4	
74		*Setaria pallide-fusca*		0,04		1,3
75		*Sorghastrum stipoides*				8,5
76		*Sorghum arundinaceum*		0,1		
77		*Sporobolus festivus*				0,5
78		*Sporobolus pyramidalis*				6,0
79		*Vetiveria nigritana*		3,8	1,3	0,3
80	Polygalaceae	*Polygala arenaria*				0,1
81	Polygonaceae	*Polygonome senegalensis*		0,9	3,3	
82		*Gardenia sp*	0,7			
83		*Mitracarpus scaber*				0,5
84	Rubiaceae	*Mitragyna inermis*	1,3			0,3
85		*Spermacoce scabra*				0,4
86		*Spermacoce stachydea*				0,3
87	Sapindaceae	*Cardiospermum halicacabum*		7,3	6,4	
88	Sterculiaceae	*Waltheria indica*				0,1
89	Tiliaceae	*Corchorus tridens*		2,1	0,05	1,1
90		*Triumfetta rhomboidea*		0,2		
91	Trapaceae	*Trapa natans*		0,3		
92	Verbenaceae	*Stachytarpheta nodiflora*		0,4	5,7	
		CSi (%)	100	100	100	100
	Total	Nombre d'espèces	18	30	21	57

II.2.3. Biomasse végétale et capacité de charge des gagnages de saison sèche

II.2.3.1. Biomasse végétale produite dans la zone de parcours des hippopotames
La phytomasse des trois gagnages de saison sèche situés aux alentours de la mare a été estimé à 115,716t pour le GS1, 213,101t pour le GS2 et 171,399t pour le GS3. La productivité moyenne des trois gagnages a été de 3119,778 kg/ha de biomasse fraîche avec un écart type de 2264 Kg. En rapportant cette productivité au domaine vital de l'hippopotame qui est de 14,8 km², la production moyenne était évaluée à 4617,271 t ; soit 1084,887 t de Matière sèche. L'analyse statistique des valeurs moyennes de la productivité des gagnages donne cinq regroupements homogènes (tableau 13). Ces résultats montrent que la plus grande production est obtenue dans le GS2 à la troisième année et la plus faible production en première année dans le GS1.

Tableau 13 : Classement et regroupements des groupes non significativement différents de la productivité des gagnages en biomasse (Kg/Ha) suivant les années et les sites

Modalités	Moyenne (Kg/ha)	Regroupements				
Années-3*GS2	4641.667	A				
Années-1*GS3	4088.667	A	B			
Années-2*GS3	4045.000	A	B			
Années-1* GS2	3499.167		B	C		
Années-2*GS2	2980.000			C		
Années-2*GS1	2933.333			C		
Années-3*GS3	2883.333			C	D	
Années-3*GS1	2033.333				D	
Années-1*GS1	973.500					E
Total	**3119.778**					

II.2.3.2. Capacité de charge des parcours d'hippopotames
La production totale des gagnages de novembre à juin (8 mois) a été estimée à 4617271,4 kg. Au cours de cette période, un hippopotame adulte consomme au maximum 12 000 Kg de matière fraîche. La capacité de charge des gagnages durant les 8 mois de saison sèche est estimée à 128 hippopotames ; soit une densité potentielle de 8,6 hippopotames/Km².

I. Diversité faunique et ethnozoologie appliquée à la Réserve de Biosphère de la Mare aux Hippopotames

I.1. Diversité faunique et impacts humains dans la réserve

Les résultats d'inventaires réalisés durant trois années successives (2005, 2006 et 2007) après l'inventaire de 2004 (UCF/Hauts Bassins, 2005) montraient que le nombre et l'effectif des espèces dans la RBMH ont accru. Les contacts avec les mammifères sauvages sont passés de 17 contacts en 2004 à 28 contacts en 2007. Les effectifs des espèces observées sont passés de 45 à 94 individus à la même période. De même les indices de présence des mammifères observés dans la réserve sont passés de 16 espèces pendant l'inventaire de 2004 à 23 espèces pendant l'inventaire de 2007 (tableau 3). Cette augmentation des effectifs pourrait s'expliquer par la surveillance assurée par l'AGEREF en collaboration avec les services de l'environnement (Dibloni *et al.*, 2009). Ces différentes augmentations montrent l'importance de l'implication des populations villageoises riveraines dans la protection des aires protégées et plus particulièrement de la faune. Un tel accroissement a été relevé dans le ranch de gibier de Nazinga où sur 1000 individus observés, toutes espèces de mammifères sauvages confondues en 1975, le cheptel a atteint environ 20.000 individus en 1991 (Lungreen, 1999 ; Portier et Lungreen, 2007).

L'analyse de la distribution des mammifères sauvages dans la réserve au cours des différents inventaires montre que le maximum de contacts avec la faune se situait entre les transects 8 et 16 (carte 11). Dans cette partie de la RBMH les activités anthropiques sont peu nombreuses (carte 12). En plus, cette zone est caractérisée par des fourrés denses et des forêts galeries (Bélem, 2008). Elle est aussi la partie la mieux dotée en ressources hydriques.

S'agissant du cas spécifique des hippopotames, ils sont en sécurité dans la Mare malgré les mouvements continus des pêcheurs. Cependant, cette sécurité est limitée lors de leurs migrations entre juillet et octobre.

En ne considérant que l'évolution des indices de braconnage, on constate de 2005 à 2007 que ces indices ont diminué de 255 à 106; soit une baisse de 58,40 %. Si les actions de surveillance se poursuivent, nous pensons que le braconnage diminuerait considérablement. Par ailleurs, les populations de grands mammifères sauvages, en particulier celle des hippopotames qui connaissait une baisse de plus de 51% entre 1985 et 2000 (Bakyono et Bortoli, 1991 ; Poussy et Bakyono, 1991 ; UCF/HB, 2005), augmenteraient. Ainsi, des efforts de surveillance doivent être renforcés pour assurer un accroissement de l'effectif des populations d'hippoptames dans la réserve. Un éventuel accroissement du nombre d'hippopotames dans la réserve contribuerait à une augmentation de l'effectif de cette espèce vulnérable (UICN, 2006). Aussi, durant les quatre années d'inventaires (2004, 2005, 2006 et 2007), l'effectif des éléphants a augmenté pour passer de 5 individus en 2004 à 21 individus en 2007.

En effet, conformément aux textes de la Convention sur le Commerce International des Espèces de faune et de flore Sauvages menacées d'extinction (CITES) ou encore la Convention de Washington que le Burkina Faso a ratifiée (MECV, 2006), ces deux espèces sont inscrites à l'annexe 1. Elles jouissent de ce fait d'un statut d'espèces intégralement protégées au Burkina Faso. Dans le respect de cette convention, la présence de ces deux espèces dans la réserve justifie aisément l'importance de la conservation de cette zone. Son érection en site MAB/UNESCO relevant donc du patrimoine mondial (Taïta, 1997) mérite que les autorités nationales et internationales conjuguent leurs efforts pour une meilleure préservation de la réserve.

Aussi, convient-il de relever que la quiétude et le développement harmonieux de la faune terrestre mammalienne dépendront des mesures de conservation à prendre pour une meilleure préservation de la réserve.

111

Pour assurer une préservation de la réserve, des études suggèrent la mise en place des corridors afin de permettre le mouvement de ses mammifères entre celle-ci et les forêts adjacentes que sont les forêts classées de Maro et de Téré (Dahani, 2007 ; Hébié, 2007).

I.2. Ethnozoologie appliquée à la Réserve de Biosphère de la Mare aux Hippopotames

II.2.1. Connaissances endogènes de la RBMH et de la faune sauvage

Les résultats issus de cette enquête nous permettent d'affirmer que les populations riveraines de la RBMH connaissent les espèces fauniques présentes dans cette réserve. Elles sont également conscientes des dangers qu'encourent cette faune et son habitat face aux différentes actions anthropiques conduites à l'intérieur et à la lisière de cette réserve.

S'agissant de l'étude sur la diversité spécifique de la faune sauvage dans la réserve, les populations ont relevé la présence de 37 espèces dont 31 appartiennent à la classe des Mammifères et 6 à la classe des Reptiles. Les espèces appartenant aux mammifères se composent de huit ordres : ce sont les Artiodactyles, les Carnivores, les Insectivores, les Lagomorphes, les Primates, les Proboscidiens, les Rongeurs et les Tubulidentés (tableau 6). Ces espèces représentent 24,2% des Mammifères sauvages du Burkina Faso (SP/CONAGESE, 1999). Une surveillance accrue de la réserve est donc nécessaire pour cette richesse faunique.

Selon les enquêtés, la RBMH connaît de multiples cas de conflits entre la faune sauvage et les hommes. Les plus fréquents seraient ceux se rapportant aux dégâts de cultures occasionnés par les singes, les hippopotames et les éléphants ainsi que les dégâts sur les filets de pêche occasionnés principalement par les hippopotames (figure 12). Ces conflits sont généralement connus des différentes aires protégées d'Afrique (Ouadba *et al.*, 2005 ; Packer et al, 2006 ; Danquah *et al.*, 2006). Les dégâts d'hippopotames sont surtout relevés dans le département de Padéma où des

112

accidents mortels ont été enregistrés sur des pêcheurs lors des mises bas des femelles. Les cas les plus récents concernent la mort d'un pêcheur et l'évacuation d'un autre pêcheur au Centre Hospitalier Régional Souro SANOU de Bobo Dioulasso.

Malgré toutes les difficultés qu'engendre la faune sauvage, des systèmes sont mis en place pour leur protection aux niveaux national et international. Sur le plan national, les méthodes de protection sont entre autres les Parcs nationaux, les réserves totales et partielles de faune, les forêts classées et la ratification de plusieurs conventions comme celles d'Alger (1968) et de Washington/CITES (1973) pour la protection de certaines espèces animales de la faune sauvage menacée d'extinction (CONAGESE. 1999; UICN, 2006). Sur le plan traditionnel, le système de protection concerne les espèces totems et les zones refuges ou bois sacrés. Il est vrai qu'il n'existe pas de textes au sens juridique du terme, mais, il est possible de considérer que l'ensemble des codes traditionnels et des contraintes liées à l'exercice de la chasse peut être assimilée, du moins par ses effets, à un véritable code de la chasse compte tenu du fait que « la totemisation » de certaines espèces ou la sacralisation de nombreux sites se traduisent par une protection de fait de la faune sauvage et de ses habitats (MECV, 2006). En considérant par exemple le python royal qui est un totem pour six patronymes des 9 recensés dans la zone d'étude (annexe 5), il serait très rare de voir quelqu'un abattre cette espèce de python. Dans le cas où même l'espèce ne constitue que le totem d'un seul patronyme, toute autre personne du village qui chercherait à abattre l'animal totem devrait prendre des précautions pour ne pas heurter l'assentiment de ses voisins. C'est le cas pour la gueule tapée (*Varanus exanthematicus* Bosc), la vipère heurtante (*Bitis arietans* Merrem), le porc-épic (*Hystrix cristata* Linnaeus) et le buffle (*Syncerus caffer brachyceros* Sparrman) qui sont respectivement que des totems pour les patronymes DAO, MILLOGO et BAGAGNAN (annexe V).

S'agissant de la réserve comme habitat de la faune, la population affirmait qu'elle était en phase de dégradation suite aux actions de braconnage, des feux de brousse, de l'impact du cheptel domestique cités respectivement par 62 %, 52 % et 28 % de la population et bien d'autres actions (figure 17). Ces actions sont une preuve que les périphéries proches des aires de conservation font l'objet de beaucoup de convoitises dans les zones arides et semi-arides d'Afrique (Noirard *et al.*, 2004 ; Okoumasou *et al.*, 2004 ; Binot *et al.*, 2006). Toutes ces actions de dégradations seraient amoindries suite aux actions conjuguées des agents des services forestiers et des surveillants de l'AGEREF instaurées depuis la mise en œuvre des activités PAGEN. Ces actions doivent être poursuivies compte tenu de l'importance de la réserve pour la population.

La RBMH constitue un domaine par excellence pour l'éducation et la formation des générations présentes et futures grâce à son rôle de préservation de la biodiversité animale et végétale (figure 16). Elle constitue également une source d'entrée de devises pour la population avec le développement du tourisme. En outre, la réserve présente aussi bien des inconvénients que des avantages pour les populations villageoises riveraines.

I.2.2. Caractérisation paysanne de l'hippopotame commun

Les environs de la Réserve de la Biosphère de la Mare aux Hippopotames constituent une zone d'accueil pour les nombreux migrants du nord du Burkina Faso et de ce fait regroupent une population très hétérogène ayant des connaissances assez imparfaites sur la réserve et ses potentialités. Par ailleurs, la technique d'échantillonnage des villages riverains et des personnes interviewées (77) peut ne pas être suffisamment représentative de la diversité socioculturelle de la zone ou de l'origine ou statut des enquêtés. Malgré ces limites, les résultats suggèrent que l'hippopotame, en tant qu'animal emblématique de cette réserve de la biosphère, est bien connu de la majorité des populations riveraines qui arrivent à faire la différenciation sexuelle chez cet animal, à identifier son régime alimentaire et à lui reconnaître des valeurs culturelles et socioéconomiques.

La taille du troupeau d'hippopotames peuplant la Mare de la Réserve de la Biosphère a peu varié au cours des deux dernières décennies. L'effectif rapporté par les riverains, particulièrement la communauté des pêcheurs, n'est guère différente des effectifs fournis par les travaux de l'ENGREF (1989) et de Poussy et Bationo (1991) qui étaient respectivement de 39 et 35 individus. L'inventaire de l'UCF/Haut bassin (2004) corrobore le chiffre des pêcheurs. Ces derniers constituent donc une source d'information précieuse en cas d'absence d'inventaire récent.

La relative stabilité de l'effectif des hippopotames de cette mare pourrait être expliquée par deux hypothèses majeures : le braconnage de ces animaux pendant leur migration de juillet à septembre ou le non retour à la RBMH de certains individus qui poursuivent leur trajet dans le Mouhoun puis le Sourou, deux plans d'eau où leur présence a été signalée (Coulibaly et Dibloni, 2007).

Les différentiations morphologique et éthologique entre les hippopotames mâles et femelles, décrites par les populations villageoises riveraines, semblent être en adéquation avec les études antérieures. Sur le plan morphologique, les mensurations effectuées par plusieurs auteurs montrent que l'hippopotame mâle a un poids et une taille supérieurs à ceux de la femelle (Kingdom, 1997 ; Eltringham, 1999 ; Lamarque, 2004). Cette différence pourrait s'expliquer par le fait que l'hippopotame femelle atteint son poids maximum en moyenne à 25 ans alors que l'hippopotame mâle semble ne jamais arrêter sa croissance (Eltringham, 1999). De même, pour ce qui concerne le comportement des hippopotames en déplacement décrit par les enquêtées, Eltringham (1999) rapporte que les groupes d'hippopotames sont souvent composés de femelles accompagnées de leurs petits sous l'autorité territoriale d'un mâle dominant.

Le rôle et l'importance de la flore herbacée dans le régime alimentaire de l'hippopotame rapportés précédemment par BERD (2004), Noirard et al., (2004), Kabré et al., (2006) sont ici confirmés par les observations de riverains et utilisateurs de la mare. Les préférences alimentaires des hippopotames portaient sur les herbacées sauvages ou cultivées (riz, maïs) et accessoirement sur les parties foliaires des espèces ligneuses.

Parmi les espèces appétées par les hippopotames selon les enquêtées, six d'entre elles ont été identifiées dans des fèces d'hippopotames par Noirard *et al.*, (2004), Kabré *et al.*, (2006). Il s'agit de *Echinochloa stagnina* P. Beauv., *Echinochloa colona* Link, *Paspalum orbiculare* (Presl.), *Andropogon pseudapricus* Stapf, *Oryza barthii* A. Chev. et de *Cyperus sp*.

La proximité des cultures céréalières sur les berges constitue une source de conflits entre intérêts agricoles et présence des hippopotames. Ces types de conflits sont surtout fréquents en saison pluvieuse dans les exploitations agricoles situées à la lisière des réserves de faune par les grands mammifères sauvages (Okoumassou *et al.*, 2004 ; Binot *et al.*, 2006).

A coté de sa contribution socioéconomique (génération des revenus par l'écotourisme et l'accroissement de la production piscicole) qui est la plus importante et la mieux connue des riverains, l'hippopotame de la Mare présente également une valeur socioculturelle pour une faible proportion de la population (10% des enquêtés), sans doute les initiés ou les autochtones séculaires des villages riverains.

L'utilisation de l'hippopotame (ou de sa viande) dans les rites ancestraux de la localité est considérée comme une question tabou et ceci en regard des mesures de protection intégrale dont jouit cet animal et du respect des secrets des coutumes. Les usages socioculturels des animaux sauvages sont encore d'actualité pour les populations rurales du Burkina Faso (Coulibaly, 2006) et pour le cas spécifique de l'hippopotame, seulement les personnes d'un certain âge et d'une position sociale donnée pouvaient en parler librement.

S'agissant du partage d'un hippopotame mort au sein des communautés riveraines, selon Larénie et Huet (2006), cette pratique existerait également chez les Bijagos en Guinée-Bissau et répondrait au fait que l'hippopotame déchire les hommes qu'il tue.

La bonne connaissance des effectifs, du sexe et du régime alimentaire de l'hippopotame par les populations locales autant que son importance symbolique pour ces dernières plaide pour une plus grande implication de leur part dans sa gestion. Ainsi, l'action de l'AGEREF qui consiste en la surveillance de la réserve doit être poursuivie et les membres formés doivent être dotés de matériels adéquats pour les patrouilles. Il est important de rappeler qu'à l'étape actuelle où l'Etat Burkinabé vient d'ériger tout le territoire national en communes, il est opportun de redéfinir les rôles et les compétences de tous les acteurs de cette Réserve de la Biosphère afin de favoriser une gestion plus concertée au profit des différentes communautés.

Pour conclure, l'enquête réalisée auprès des populations riveraines de la RBMH a montré que celles-ci ont acquis au fil du temps une bonne connaissance de la faune sauvage en général et de l'hippopotame en particulier. Elles connaissent l'hippopotame dans sa morphologie et son comportement ; ce qui les conduit à faire la diagnose sexuelle sur des bases anatomiques. Les connaissances endogènes portent également sur la dynamique de population, le régime alimentaire et les valeurs socioéconomique et culturelle de cet animal emblématique de la réserve. Compte tenu de toutes les connaissances dont disposent les populations riveraines, une gestion concertée de la réserve et de ses environs devrait se baser sur une collaboration étroite entre les usagers producteurs, les associations civiles (AGEREF), l'administration communale, les partenaires scientifiques et les services techniques chargés de la conservation.

II. Démographie et alimentation de l'hippopotame commun dans la RBMH

II.1. Structure démographique et mouvements saisonniers des populations d'hippopotames

La Mare de la Réserve de Biosphère de la Mare aux Hippopotames n'a connu que des inventaires ponctuels de ses populations d'hippopotames de 1985 à 2004. Cette étude présente des résultats d'inventaires sur trois années successives (2006, 2007 et 2008). L'effectif maximal des populations d'hippopotames observées est de 42 individus en décembre 2007 et juin 2008. Avec cet effectif, la densité est estimée à environ 3 hippopotames/km^2 par rapport au domaine parcouru par l'espèce en saison sèche. Il représente environ 61 % de la population d'hippopotames observée en 1985 (Bakyono et Bortoli, 1985). Les causes de la régression sont à imputer essentiellement au braconnage. Les enquêtes menées auprès des populations ont relevé que les abattages ont notamment pour origine des pratiques religieuses car la viande d'hippopotame est exigée pour certaines cérémonies coutumières annuelles (Dibloni *et al.*, 2009). L'action récente de surveillance semble avoir permis un léger accroissement de l'effectif qui est passé de 33 individus en juin 2006 à 42 individus en juin 2008. L'effectif des hippopotames de la RBMH se trouve aujourd'hui dans la même fourchette que les effectifs des groupes d'hippopotames observés sur d'autres plans d'eau d'Afrique de l'ouest : 31 individus dans le parc national du Bui de Black Volta au Ghana, 22 individus sur le complexe d'Orango en Guinée-Bissau, 30 individus dans les terroirs villageois en zones humides des départements du Mono et du Couffo au Sud-Bénin (Bennett *et al.*, 2000 ; Amoussou *et al.*, 2002 ; Sam *et al.*, 2002 ; Amoussou *et al.*, 2006; Larénie et Huet, 2006). Ceci ne signifie pas que cet effectif constitue une population viable à long terme.

Les résultats obtenus ont révélé également que les hippopotames migraient dans 4 mares temporaires situées le long de la rivière Mouhoun pendant la saison pluvieuse (Carte 14). Ils ne quittaient ces mares que lorsque le niveau d'eau est redevenu très bas dans la mare principale. Nous ignorons cependant encore si la population d'hippopotames de la RBMH entretient des contacts avec des populations d'hippopotames voisines.

L'étude a montré enfin que, lors des migrations, les hippopotames pouvaient saccager les productions agricoles. Ces dégâts constituent une source de conflits avec les populations locales (Clarke, 1953 ; Sam *et al.*, 2002 ; Nakandé, 2004 ;

Amoussou *et al.*, 2006 ; Danquah *et al.*, 2006 ; Jones et Elliott, 2006; Dibloni *et al.*, 2009) et peuvent conduire à des abattages de représailles.

Les inventaires antérieurs effectués dans cette réserve (Bakyono et Bortoli, 1985) ont prouvé que la mare pouvait accueillir des densités supérieures à celles d'aujourd'hui. Dans cette optique, des mesures complémentaires de gestion et de conservation doivent donc être prises :

1. S'agissant de la surveillance participative, des efforts supplémentaires pour renforcer la surveillance de ces mammifères et impliquer encore davantage les populations locales sont nécessaires. La surveillance doit être organisée en patrouilles mixtes administration/populations locales et être axée sur les résultats (augmentation des primes en cas d'augmentation des populations d'hippopotames). Les données présentées dans cette thèse pourraient servir de base pour l'évaluation annuelle de ces effectifs et de la prime.

2. Pour ce qui concerne le zonage, afin d'éviter les dégâts agricoles qui sont des sources de conflits, il est essentiel pour une meilleure conservation de l'espèce que les gestionnaires de la réserve négocient avec les populations riveraines un zonage strict de l'activité agricole et précisent le statut de conservation des mares périphériques qui abritent les migrations temporaires identifiées par cette étude. Ce zonage pourrait s'étendre aux limites initiales de la réserve avec un débordement au-delà de la rivière Mouhoun. Si la zone extérieure à la réserve venait à être créée, elle pourrait être érigée en Zone Villageoise d'Intérêt Cynégétique (ZOVIC) sous la gestion des communautés villageoises riveraines en partenariat avec les services forestiers (Vermeulen, 2004). L'application de la petite chasse dans cette zone pourrait constituer une source de revenus complémentaires pour la communauté et constituer une zone tampon pour la réserve. La faisabilité d'une telle co-gestion de la périphérie de la réserve et de ses différentes modalités devrait être étudiée.

3. Enfin, en ce qui concerne les mouvements de ce mammifère, nous pensons que pour mieux appréhender la dynamique de cette population d'hippopotames et déterminer si elle est encore en contact avec d'autres populations, il s'avère

nécessaire d'effectuer un suivi de cette espèce dans les cours d'eau voisins (la rivière Mouhoun et ses affluents Sourou, Samandeni et Bougouriba). Cela permettrait d'une part de vérifier si certains mâles devenus adultes ne migrent pas vers ces rivières pour éviter d'affronter le mâle dominant et d'autre part s'il subsiste d'autres reliques de populations dont la conservation serait prioritaire. Toutes ces hypothèses peuvent être vérifiées dans le cadre d'un programme de recherche qui viserait, d'une part à suivre les itinéraires empruntés par les hippopotames pendant la migration, et d'autre part à caractériser l'ADN de fèces des populations d'hippopotames vivant dans les différents cours d'eau suscités.

II.2. Potentialités fourragères des gagnages utilisés par les hippopotames

La présente étude rend disponible une banque de données sur les espèces végétales consommées, la diversité spécifique et la capacité de charge des gagnages utilisés par les hippopotames dans la RBMH.

L'étude revèle qu'en saison sèche, les hippopotames s'alimentent dans les gagnages situés aux alentours immédiats de la mare et des affluents Wolo, Tinamou et Leyessa de la rivière Mouhoun. Ces gagnages sont les zones inondées mises à feu en saison sèche après le retrait de l'eau. Les repousses constituent un pâturage vert et riche (Eltringham, 1999 ; Yaméogo, 1999 ; Ouédraogo, 2005 ; Lungreen et Coulibaly, 2008). En saison pluvieuse, lorsque les pluies sont abondantes, les hippopotames migrent du côté ouest des rives de la rivière Mouhoun où ils séjournent dans de petites mares et s'alimentent dans les gagnages situés le long du fleuve (cartes 13 et 14). Ce type de migration permet dans une certaine mesure de diminuer la pression de pâture sur les territoires proches des points d'eau permanents (Delvingt, 1978).

Les espèces végétales consommées par les hippopotames dans la RBMH (tableau 11) sont principalement de la famille des Poaceae et de Cyperacea comme l'indiquent les travaux de plusieurs auteurs (Téhou et Sinsin, 1999 ; Amoussou et al, 2002 ; Noirard *et al.* 2004 ; Amoussou et al, 2006 ; Kabré *et al.* 2006).

Les gagnages de saison sèche (GS1, GS2, GS3) et le gagnage de saison pluvieuse (GP) comptent respectivement 18, 30, 23 et 57 espèces. A l'exception de *Crateva religiosa, Aspilia bucei, Echinochloa colona* et *Paspalum scrobuculatum,* l'ensemble des espèces du GS3 sont présentes dans le GS2. *Crateva religiosa* demeure l'espèce spécifique du GS3 car *Aspilia bussei, Echinochloa colona* et *Paspalum scrobuculatum* ont été recensées dans GS1 et GP. En outre, le gagnage de saison pluvieuse (GP) renferme des espèces des autres gagnages mais est marqué par la dominance de *Paspalum scrobuculatum* avec une contribution spécifique de 39,49 % (tableau 12).

Le calcul de la capacité de charge selon la formule de Boudet (1991) a permis d'avoir une charge théorique des gagnages qui est de 128 hippopotames. Cette capacité de charge est trois fois supérieure à l'effectif actuel de la population d'hippopotames de la réserve qui est de 41 ± 2 individus. De même, en considérant cette capacité de charge, la densité du domaine vital est de 8,7hippos/Km². Cette densité est également 3 fois supérieure à la densité brute actuelle des hippopotames (2,8 hippopotames / km²) de la zone de parcours des hippopotames dans la réserve.

L'inventaire des hippopotames a révélé qu'il existait au maximum 41±2 hippopotames dans la RBMH pendant l'inventaire de décembre 2008 (tableau 9). Cet effectif donne une densité brute de 2,8 hippopotames / km². Cette densité est 7 à 42 fois inférieure à celles évaluées dans les gagnages du parc national des Virungas de la République Démocratique du Congo qui se situaient entre 21,50 à 117,96 hippopotames / km² (Delvingt, 1978). Actuellement, la RBMH a une densité brute inférieure à la capacité d'accueil de la zone de parcours des hippopotames. De ce fait, la capacité de charge estimée montre que la production des gagnages n'est pas du tout un facteur limitant sur l'évolution de l'effectif des hippopotames dans la réserve. En outre, considérant l'augmentation légère de l'effectif des hippopotames constatée au cours des deux derniers inventaires, il serait nécessaire que les services chargés de la surveillance redoublent d'effort dans la lutte contre le braconnage. Cette mesure permettra sans doute d'accroître l'effectif jusqu'à la capacité optimale de la réserve.

Dans le cadre de cette lutte, les gestionnaires de la réserve devront veiller à ce que les gagnages de la zone de parcours des hippopotames ne soient pas utilisés par le bétail domestique et ou transhumant surtout durant la période de Novembre à Juin. Ces précautions éviteraient les contacts avec le bétail domestique qui sont souvent des sources de contaminations de maladies parasitaires (Coulibaly et Dibloni, 2008).

Pour une meilleure valorisation de la biomasse produite dans la zone d'influence des hippopotames il serait intéressant d'inciter les riverains à faucher l'herbe produite pendant la saison pluvieuse (juillet-octobre) pour la production de fourrage ou des besoins domestiques. Cette biomasse pourrait servir d'incitant financier pour les riverains dans le cadre de la conservation des hippopotames.

Au terme de nos travaux sur l'impact des activités anthropiques sur la dynamique de la faune sauvage dans la RBMH, les conclusions et recommandations que nous pouvons tirer de l'étude se focalisent sur quatre points.

1) Diversité faunique et impacts humains dans la RBMH

Les inventaires pédestres de la faune sauvage réalisés durant trois années successives (2005, 2006 et 2007) ont permis de constater une augmentation du nombre d'espèces de faune sauvage ainsi que l'évolution de leur effectif. Le nombre de contacts avec les mammifères sauvages qui était de 17 en 2004 est passé à 28 contacts en 2007. De même, l'effectif total des individus observés est passé de 45 à 94 individus toutes les espèces confondues.

L'augmentation de l'effectif a été remarquable pour l'hippotrague pour lequel, il a passé d'un individu en 2005 à 9 individus en 2007. De même, le nombre des espèces identifiées par inventaire sur la base de leurs indices est passé de 16 espèces en 2004 à 23 espèces en 2007. Cette augmentation pourrait s'expliquer par une diminution des indices de présence des activités anthropiques. En effet, durant les trois années d'inventaires (2005, 2006 et 2007) les indices de braconage sont réduits de 255 à 106 ; soit une régression de 58,40 % entre 2005 et 2007. Aussi, les actions de surveillance ont certainement contribué à l'augmentation du nombre et de l'effectif des espèces de faune sauvage d'une part et à la diminution des indices de braconnage dans la réserve d'autre part.

Ces résultats nous permettent d'affirmer que l'hypothèse de recherche « *une surveillance soutenue des aires protégées réduit l'intensité des activités anthropiques et favorise l'augmentation du cheptel faunique*» est vérifiée.

En outre, il convient de relever que pour permettre à la faune terrestre mammalienne de retrouver la quiétude et un développement harmonieux, des mesures de conservation doivent être prises pour une meilleure préservation de la réserve.

2) Ethnozoologie appliquée à la Réserve de Biosphère de la Mare aux Hippopotames

Le nombre d'espèces de la faune sauvage a été estimé à 35 dans la RBMH par les populations villageoises riveraines. Ce nombre est supérieur aux espèces réellement observées ; ce qui confirme la disparition progressive de la faune ces dernières années. Chacune de ces espèces de faune sauvage a été désignée par son nom local « Bobo ».

Les enquêtes ont aussi révélé que la réserve, en tant qu'habitat de la faune, était en phase de dégradation suite aux actions de braconnage, des feux de brousse et à l'impact du cheptel domestique. Ces principaux facteurs de dégradation qui sont néfastes à la survie de la réserve ont été cités respectivement par 62%, 52% et 28% de la population. Ces actions de dégradation seraient amoindries suite aux actions conjuguées de tous les acteurs et bénéficiaires de la RBMH. Pour les habitants des villages riverains, les actions déjà entreprises doivent être poursuivies car la RBMH constitue une source d'entrée de devises pour la population avec le développement du tourisme et le lieu où les riverains accomplissent certains rites socioculturels. Elle est également un domaine par excellence pour l'éducation et la formation des générations présentes et futures grâce à son rôle de préservation de la diversité animale et végétale.

S'agissant particulièrement de l'hippopotame, l'étude a montré que les populations locales avaient une bonne connaissance des effectifs, du sexe, du régime alimentaire de l'espèce. Pour cela, l'importance symbolique de l'espèce pour ces populations locales plaide pour une plus grande implication de leur part dans sa gestion. Ainsi, l'action de l'AGEREF qui consiste en la surveillance de la réserve doit être poursuivie et les membres formés doivent être dotés de matériels adéquats pour les patrouilles.

L'enquête réalisée auprès des populations riveraines de la RBMH a montré que celles-ci ont acquis au fil du temps une bonne connaissance de la faune sauvage en général et de l'hippopotame en particulier. Les connaissances qu'elles ont de la morphologie et du comportement de l'hippopotame leur permettent de faire la diagnose sexuelle sur des bases anatomiques.

Les connaissances endogènes portent également sur la dynamique de population, le régime alimentaire et les valeurs socioéconomique et culturelle de cet animal emblématique de la réserve.

Il ressort de nos enquêtes que les populations riveraines ont une bonne connaissance de la réserve et de ses ressources animales. Cette relative bonne connaissance a probablement contribué au début de collaboration entre les populations riveraines et les partenaires techniques et financiers à travers la mise en place de l'AGEREF. Cela vérifie notre hypothèse de recherche : *«une meilleure prise en compte des connaissances endogènes contribue à la gestion durable de la faune sauvage dans les aires protégées »*.

3) Structure démographique et mouvements saisonniers des populations d'hippopotame commun

Les inventaires à la barque réalisés durant trois années d'affilée (2006, 2007 et 2008) ont permis de dénombrer 35 têtes d'hippopotames en moyenne en 2006 et 41 têtes en 2007 et 2008. Le léger accroissement de la population constaté en 2007 et 2008 pourrait se justifier par l'action récente de surveillance. La structure de la population en classes d'âges était 32 adultes, 5 subadultes et 4 juvéniles en décembre 2008. L'étude a permis aussi de constater que les aires de repos des troupeaux d'hippopotames dans la mare variaient suivant les années.

L'étude des mouvements saisonniers de cette espèce a permis d'identifier et de cartographier sa zone d'influence dont la superficie est évaluée à 14,80 km², 8 sites de sorties sur chaque rive de la mare, 8 gagnages et 4 mares de migration temporaires. Elle a fait ressortir que, pendant leur migration, ces mammifères saccageaient souvent des champs pour leur alimentation.

Pour une meilleure valorisation de l'écotourisme de la réserve, ces résultats constituent des informations utiles pour la qualité de l'accueil éco touristique.

En outre, une bonne organisation des activités éco touristiques pourrait contribuer à vérifier notre hypothèse de recherche qui est : «*Une meilleure connaissance de la démographie et des mouvements migratoires des populations d'hippopotames peut permettre une meilleure organisation des activités anthropiques à l'intérieur et en périphérie de la réserve et stimuler le tourisme de vision pour cette espèce emblématique de la réserve* ».

4) Potentialités fourragères des gagnages d'hippopotames

Pour l'étude de la diversité spécifique des gagnages, l'inventaire floristique a permis de recenser 92 espèces végétales dans 4 gagnages dont trois gagnages de saison sèche et un de saison pluvieuse. Le plus grand nombre d'espèces végétales a été recensé dans le gagnage de saison pluvieuse (57 espèces végétales). Le plus riche des gagnages de saison sèche avait 30 espèces végétales. Dans l'ensemble des 92 espèces végétales, 42 espèces constituent le fourrage pour les hippopotames. Parmi ces espèces fourragères, les plus appétées sont *Cyperus distans* L. f.*, *Cyperus haspan* L. var. *americanus* Boeckl.*, *Fuirena umbellata* Rottb.*, *Vigna filicaulis* Hepper*, *Cissampelos mucronata* A. Rich.* et les espèces de la famille des Poacées.

La capacité de charge de la zone d'influence des hippopotames est de 128 hippopotames en saison sèche. Elle est trois fois supérieure à la charge actuelle de la de la zone qui est de 41 ± 2 individus.

Les résultats dans cette étude montrent que la diminution des effectifs dans la réserve n'est pas liée au manque de fourrage comme l'indique notre hypothèse de recherche : « *Le manque d'aliment en quantité et en qualité dans la réserve en saison sèche est un facteur limitant pour l'augmentation de l'effectif des hippopotames* ».

126

Recommandations et perspectives de recherche

●Recommandations

Pour tenir compte des résultats déjà acquis, des mesures complémentaires de gestion et de conservation suivantes doivent être prises :

1. La préservation de la zone d'influence des hippopotames en saison sèche.

Le suivi des hippopotames en saison sèche a révélé que ces mammifères prenaient leur alimentation dans les prairies situées en bordure de la mare. Pour cela, il est important que pour toutes actions sur les berges de cours d'eau abritant les hippopotames que l'on prévoit un espace de 100 à 200 m tout autour du cours d'eau pour leur permettre de s'alimenter. Cela éviterait les intrusions de ces mammifères dans les exploitations dans certains périmètres irrigués.

2. Le renforcement de la surveillance de ces mammifères.

Il consistera à impliquer davantage les populations locales dans la surveillance de la réserve. Pour ce faire, des patrouilles mixtes administration/populations locales axées sur les résultats (augmentation des primes en cas d'augmentation des populations d'hippopotames) devront être organisées. Les données obtenues pourraient servir de base pour l'évaluation annuelle de ces effectifs et de la prime.

3. Le zonage de la réserve.

Le zonage permettra d'éviter les dégâts agricoles qui sont des sources de conflits. Pour une meilleure conservation de l'espèce, il est essentiel que les gestionnaires de la réserve négocient avec les populations riveraines un zonage strict de l'activité agricole et précisent le statut de conservation des mares périphériques qui abritent les migrations temporaires identifiées par cette étude. Ce zonage pourrait s'étendre aux limites initiales de la réserve avec un débordement au-delà de la rivière Mouhoun. Si la zone extérieure à la réserve venait à être créée, elle pourrait être érigée en Zone Villageoise d'Intérêt Cynégétique (ZOVIC) sous la gestion des communautés villageoises riveraines en partenariat avec les services forestiers. L'application de la petite chasse dans cette zone pourrait constituer une source de revenus

127

complémentaires pour la communauté et constituer une zone tampon pour la réserve. La faisabilité d'une telle cogestion de la périphérie de la réserve et de ses différentes modalités devrait être étudiée.

●**Perspectives de recherche**

- Eu égard aux résultats de notre étude, le suivi de la population d'hippopotames doit être poursuivi pour mieux appréhender sa dynamique. Il reste également nécessaire de déterminer leurs contacts avec d'autres populations d'hippopotames. Dans cette optique, il s'avère nécessaire de suivre leurs mouvements dans les cours d'eau voisins (la rivière Mouhoun et ses affluents Sourou, Samandeni et Bougouriba). Dans ce suivi, une attention particulière sera accordée aux mouvements des jeunes mâles devenus adultes (fuyant le mâle dominant) afin de déterminer leur habitat. Ce suivi devra permettre également de déterminer les itinéraires de migration des hippopotames.

- Des travaux de recherche à l'aide des marqueurs génétiques permettront également de vérifier s'il subsiste d'autres reliques de populations dont la conservation serait prioritaire.

- Pour une meilleure connaissance des populations d'hippopotames du Burkina Faso, des recherches devraient être menées dans les différents plans d'eau abritant ces mammifères afin de connaître leur effectif et les difficultés liées à leur accroissement.

Références bibliographiques

Amoussou K. G., Mensah G. A. et Sinsin B. 2002. Problématique de la valorisation éco touristique des groupes d'hippopotames (*Hippopotamus amphibius* Lin. 1758) isolés dans les terroirs villageois en zones humides: Cas des départements du Mono et du Couffo. In : *Actes du séminaire-atelier sur la mammalogie et la Biodiversité du 30/10 - 18/11/2002.* Mensah G. A., Sinsin B. et Thomassen E. (Eds.), pp.177-179. Abomey-Calavi, Bénin.

Amoussou K. G., Mensah G. A. et Sinsin B. 2006. Données biologiques, éco-éthologiques et socio-économiques sur les groupes d'hippopotames (*Hippopotamus amphibius*) isolés dans les terroirs villageois en zones humides des départements du Mono et du Couffo au Sud-Bénin. *Bulletin de la Recherche Agronomique du Bénin* 53 : 22-35.

Arbonnier M. 2002. Arbres, arbustes et lianes des zones sèches d'Afrique de l'Ouest. Montpellier, CIRAD, MNHN ; 573 p.

Attwell R.I.G. 1963. Surveying Luangwa Hippo. The Puku, Zambia 1: 29 - 50

Barnes R.F.W., Barnes K.L., Alers M.P.T. & Blom A. 1991. Man determines the distribution of elephants in the rainforests in northeastern Gabon. Afr. J. Ecol. 29, 54–63.

Batissé M. 1986. Les Réserves de Biosphère ; élaboration et mise au point du concept. Nature et ressources n°3 ; UNESCO, Paris. 12 p.

Béarez P. 1989. LA Mare aux Hippopotames (Burkina Faso): Aspects hydrobiologiques et halieutiques. Muséum national d'histoire naturelle ; Paris, France. 11p.

Bélem M. 2002. Renforcement des capacités scientifiques et techniques pour une gestion effective et une utilisation durable de la diversité biologique dans les réserves de la biosphère des zones arides d'Afrique de l'Ouest : Cas de la réserve de la Biosphère de la Mare aux Hippopotames au Burkina Faso. Projet Régional; UNESCO-MAB/UNEP-GEF; 95 p.

Bélem O. M. 2008. Les galeries forestières de la Réserve de la Biosphère de la Mare aux Hippopotames du Burkina Faso : caractéristiques, dynamique et ethnobotanique ; thèse de doctorat ès Sc. Nat. Université de Ouagadougou. 248 p.

Bennett D., Green N. and Basuglo B. 2000. The abundance of *Hippopotamus amphibius* in the Black Volta River at Bui National Park, Ghana. Notes and records. *East African Wild Life Society, Afr. J. Ecol.* 38: 372-373

Berhaut J. 1971. Flore illustrée du Sénégal. Tome I. Dakar, Edition Clairafrique, 626 p.

Binot A., Castel V. et Caron A. 2006. L'interface faune-bétail en Afrique subsaharienne. *Sécheresse* 17 (1-2) : 349-361.

Blanc M. et Daget J. 1957. Les eaux et les poissons de Haute-Volta, pp. 97-169. *In* Mélanges biologiques. *Mémoire IFAN, 50.*

Bonkoungou G. E. et Poda J. N. 1987. Réserve de Biosphère de la Mare aux hippopotames du Burkina Faso ; actions en cours et perspectives. Contribution du Burkina Faso au colloque organisé dans le cadre du Congrès International UNESCO/PNUE sur l'éducation et la formation relatives à l'environnemnt (Catégorie IV) ; Mooscou, URSS ; 10 p.

Bouché P. 2005. Inventaire total aérien dans le site de la Réserve de Biosphère de Mare aux Hippopotames. PAGEN/MECV, Burkina Faso.

Bouché P., Lungren G. C., Hien B. et Omondi P. 2004 a. Récencement aérien total de l'Ecosystème « W –Arli-Pendjari-Oti-Mandjori-Kéran (WAPOK) » en Avril 2003. CITES-MIKE, UE, ECOPAS, PAUCOF, AD. 114 p.

Bouché P., Lungren G. C. et Hien B. 2004 b. Récencement aérien total de la faune dans l'écosystème naturel «Po-Nazinga-Sissili (PONASI)» en 2003. Burkina Faso ; CITES-MIKE, UE. 95 p.

Boudet G. 1991. Manuel sur les pâturages tropicaux et les cultures fourragères. Manuel et précis d'élevage. IEMVT. France, 246 p+ annexes.

Boulet A. et Leprun J. C. 1969. Etude pédologique de la Haute Volta-Région Est. Echelle 1/500 000. ORSTOM, Dakar-Hann; 354 p.

Bourgoin P. 1955. Animaux de chasse d'Afrique. La toison d'Or, Paris, 255p.

Bousquet B. 1982. Diversité de la faune et évaluation numérique et économique des populations de grands mammifères. Inventaire en faune sauvage et études économiques sur son utilisation en zone rurale. FO : PNUD/FAO UPV/78/008. Document de terrain N°8. 91 pp+annexes.

Bousquet B., Charest A., Gansaoré G. et Ouédraogo L. 1982. Inventaire des ressources en faune sauvage et étude économique sur son utilisation en zone rurale-Haute Volta. FAO. Rome/Italy, FO : DP/UPV/78/008. Doc. De terr. N) 5, 130 p.

Brown G. S. 2009. Hippopotamus amphibius. Version archivée. Disponible dans http://fr.Wikipédia.org/W/index.php?title=Hippopotamus_amphibius&oldid=43402584

Brugière D., Magassouba B., Sylla A., Diallo H. and Sow M. 2006. Population abundance of the common hippopotamus *Hippopotamus amphibius* in the Haut Niger National Park, Republic of Guinea. *Mammalia*: p14–16

Buckland S. T., Anderson D. R., Burnham K. P., Laake J. L. 1993. Distance sampling – Estimating Abundance of biological populations. Chapman et Hall. London, 446 p.

Burnham K. P., Anderson D. R. et Laake J. L. 1980. Estimations of Density line transect sampling of biological populations; *Widlife monograph n°72,* 205 p.

Chardonnet P. 1995. Faune sauvage africaine: la ressource oubliée-tome II : CEE. 288p.

Chevallier D., Langlois C. et Pujol R. 1988. « A propos d'ethnozoologie », *Terrain,* numero-10 - *Des hommes et des bêtes* (avril 1988), [En ligne], mis en ligne le 19 juillet 2007. URL: http://terrain.revues.org/index2935.html. Consulté le 08 juin 2010.

Clarke J. R. 1953. The Hippopotamus in Gambia, West Africa. *Journal of Mammalogy* 34(3): 299-315. www.jstor.org/stable/1375838. Consulté le 26/02/2010.

Cornelis D. 1999. Analyse des données de tir, saison de chasse 1998-1999 ; Avis technique N°2. Nazinga. Projet Valorisation Scientifique, 28 p.

Cornet D'Elzius C. 1996. Ecologie, structure et évolution des populations des grands mammifères du secteur central du parc national des Virunga (Parc National Albert)

Zaîre (Congo Belge). Bruxelles. Fondation pour favoriser les recherches scientifiques en Afrique, 131 p.

Coulibaly N. D. et Dibloni O. T. 2007. Faune sauvage : à la découverte de l'hippopotame commun. *Notre Environnement 37 :18-19.*

Czudek R. 2001. Utilisation rationnelle de la faune sauvage en Afrique. *Moyen de la conservation des ressources naturelles et de leur diversité biologique, de l'amélioration de la sécurité alimentaire et du développement rural.* Document de travail sur la gestion de la faune sauvage n°1. FAO. 41 p.

Daget P. et Poissonet J. 1971. Une méthode d'analyse phytosociologique des prairies. Critères d'application. Ann. Agron, 22 (1) : 5-41.

Danquah E., Oppong S. K. et Sam M. K. 2006. Aspects du Comportement des Éléphants qui Ravagent les Cultures dans l'Aire de Conservation de Kakum, au Ghana. *Nature & Faune* 21(2) : 15-21.

Dekker A.J.F.M. 1985. Carte de paysages de paysage de la région de RN, BF. RSN, serie C (7).

Delvingt W. 1978. Ecologie de l'hippopotame (*Hippopotamus amphibius* L.) au Parc National de Virunga. Thèse de Doctorat. Faculté des Sciences Agronomiques de l'Etat à Gembloux. Tome 1et 2, 333 p.

Depierre D. et Vivien J. 1992. Mammifères sauvages du Cameroun. Ministère de la Coopération au Développement ; 250p

Dibloni O. T. 2008. Synthèse des résultats de recherche sur la faune sauvage et ses biotopes dans la Réserve de Biosphère de la Mare aux Hippopotames. Comité MAB/CNRST ; Burkina Faso, 36 p.

Dibloni O. T., Coulibaly N. D., Guenda W., Vermeulen C. et Bélem/Ouédraogo M. 2009. Caractérisation paysanne de *Hippopotamus amphibius* Linné 1758, dans la Réserve de Biosphère de la Mare aux Hippopotames, en zone sud soudanienne du Burkina Faso. *Int. J. Biol. Chem. Sci. 3(2): 386-397*

Dibloni O. T., Vermeulen C., Guenda W. and Millogo N. A. 2010. Structure démographique et mouvements saisonniers des populations d'hippopotame commun,

Hippopotamus amphibius Linné 1758 dans la zone sud soudanienne du Burkina Faso. *Tropical Conservation Science* Vol. 3 (2):175-189. Available online: www.tropicalconservationscience.org.

Diéye K. et Alfari I. 2002. Etude des déterminants socioéconomiques de l'occupation et de l'utilisation des terres au Sahel (Cas de la Mare aux Hippopotames), Burkina Faso. INSA-CILSS. 62 p.

Doucet J-L.2003. Le monde animal joue un rôle prépondérant dans l'expression des valeurs morales chez les Mahongwe du Gabon. Thèse annexe présentée en vue de l'obtention du grade de docteur en sciences agronomique et ingénieie biologique FUSAGx ; 37p.

Eltringham S. 1993. The Common Hippopotamus (*Hippopotamus amphibious*). In Pigs, Peccaries and Hippos Status Survey and Action Plan. Edited by W.L.R. Olivier Gland. Switzerland: IUCN; p 61-171.

Eltringham S.K. 1999. The Hippos: Natural History and Conservation. London: *Academic Press.* 184 p.

Estes RD. 1992. The behavior guide to African mammals: including hoofed mammals, carnivores, primates. Berkeley: University of California Press, 710 p.

Fournier A. 1991. Phénologie, croissance et productions végétales dans quelques savanes d'Afrique de l'ouest : variation selon un gradient climatique. Paris, ORSTOM-Collection Etudes et Thèses, 311 p.

Frame W. 1989. Population estimates 1989 of large mammals inthe Nazinga game ranch, Burkina Faso. Nazinga special reports, Series C, N° 45. Nazinga Project, ADEFA Ouagadougou, 46 p.

Giraut F., Guyot S. et Houssay-Holzschuch M. 2005. La nature, les territoires et le politique en Afrique du Sud. CAIRN. Disponible en ligne à l'adresse : http://www.cairn.info/article.php?ID_REVUE=ANNA&ID_NUMPUBLIE=ANNA_6 04&ID_ARTICLE=ANNA_604_0695, consulté le 11/ 11/2010

Gueye B. et Freud Emberger H. S. 1991. *Introduction à la MARP (Rapid Rural Appraisal) : Quelques notes pour appuyer une formation pratique.* London.

134

Guinko S. 1984. Végétation de la Haute Volta. Thèse de doctorat d'Etat ès Sciences Naturelles. Université de Bordeaux III. Tome 1 et 2 ; 318p.

Guinko S. 1989. Contribution à l'étude de la végétation et de la flore du Burkina Faso (ex Haute Volta). Les territoires phytogéographiques. Bulletin de l'I.F.A.N., T. 46, Sér. A. N° 1-2 ; p 129-139.

Haltenorth T. et Diller H. 1977. Mammifères d'Afrique et de Madagascar. Delachaux et Niestlé, Paris. 383 p.

Huklop P. 2000. Elephant crop raiding patterns in areas around Kibal National Park (KNP), Uganda. In *Human-Wildlife Conflict: Identifying the problem and possible solutions (Albertine Rift Technical Report Series)*, Hill C, Osborn F, Plumptre AJ (eds).Wildlife Conservation Society, (1):107-115.

Jachmann H. 1988. Comparison of road and ground surveys of large mammals at the Nazinga game ranch. Nazinga special reports, Series C, N° 33. Nazinga Project, ADEAFA, Ouagadougou.

Jackmann H. et Bell R.H.V. 1984. The man-animal interface: an assesment of crop damage and wildlife controle. In Bell R.H.V. & Mc Shane-Caluzi (eds): Conservation and wildlife in Africa. Malawi, US Peace Corps; p 387-416

Jeannin A. 1945. Les bêtes de chasse de l'Afrique française. Payot, Paris. 233p.

Jones B. T.B. et Elliott W. J. 2006. Conflit Homme Faune sauvage en Namibie: Expériences acquises d'un dossier de solutions pratiques. *Nature & Faune* 21(2): 22-27.

Kabré T. A. 1996. La valeur culturelle et économique de la faune en milieu rural : l'expérience du ranch de gibier de Nazinga au Burkina Faso.Bulletin Arbres, Forêts et Communautés Rurales N° 8. p 41-46

Kabré T. A. Koné L. Saley H. Nandnaba S. et Sawadogo B. B. 2006. Rythme circadien et régime alimentaire de l'hippopotame amphibie dans les bassins de la Volta et de la Comoé. *Sciences et techniques, sciences naturelles et agronomie ; vol. 28, (1 et 2) : 73-88.*

Kièma S. 2007. Elevage extensif et conservation de la diversité biologique dans les aires protégées de l'Ouest burkinabé. Arrêt sur leur histoire, épreuves de la gestion actuelle, état et dynamique de la végétation. Thèse de doctorat; Université d'Orléans, France, p. 562.

Kingdom J. 1997. The Kingdom Field Guide to African Mammals. Academic Press: London.

Korschgen B. J. 1980. Procedures for food-habits analysis. Wildlife Management. P 113-126

Lamarque F. 2004. Les grands mammifères du complexe WAP. UE, CIRAD, ECOPAS.

Languy M. 2005. Texte légal délimitant le parc national des Virunga. WWF, UE, ICCN.

Disponible au : http://www.cbfp.org/tl_files/archive/thematique/rdc/wwf_virunga.pdf; 14 p.

Larénie, L., et Huet, J. 2006. *Etude comportementale de Hippopotamus amphibius sur le complexe d'Orango, Archipel des Bijagos, Guinée-Bissau.* Bureau de Planification Côtière.

Lejeune P. 2002. Techniques d'Inventaires des Ressources Naturelles : Outils d'aide à la gestion des populations animales; FUSAGx. In http://intranet/unite/gf/PL/GF202_menu.htm, 39 p

Lydekker R. 1915. Catalogue of the Ungulate Mammals in the British Museum of Natural History, Vol. 5. British Museum: London.

Lungreen C. 1999. Possibilités et contraintes pour le développement durable à travers la gestion rationnelle de la faune : expérience du projet pilote du ranch de gibier de Nazinga. *Communication présentée à l'atelier régionl sur les expériences en matière de gestion des ressources naturelles : évolutions et perspectives ;* Koudougou, Burkina Faso du 6-10 décembre 1999. 17 p.

Lungreen C. et Coulibaly B. 2008. Évaluation des Filières d'Exploitation Faunique au Burkina Faso. Communication à la deuxième réunion du Comité de Pilotage

Régional du projet Interface Faune-Bétail et Environnement en Zone Aride (DLWEIP), Ougarou (Burkina Faso), du 21-23 avril 2008.

Mengué-Médou C. 2002. Les aires protégées en Afrique: perspectives pour leur conservation. La revue en sciences de l'environnement sur le WEB, http : //www.vertigo.uqam.ca/vol3n°1/art7vol3n1/c_mengue.medou.html

Noirard C., Le Berre M., Ramousse R., Sépulcre C. and Joly P. 2004. Diets of sympratic Hippopotamus (*Hippopotamus amphibius*) and Zebus (*Bos indicus*) during the dry season in the « W » National Park (Niger Republic). *Game and Wildlife Sciences* 21(3): 423-431. Disponible au http://www.wildlife-conservation.org/var/plain/storage/original/application/. Consulté le 6/08/08.

Okello J.B.A, Nyakaana S., Masembe C., Siegismund H.R. and Arctander P. 2005. Mitochondrial DNA variation of the common hippopotamus: evidence for a recent population expansion. *Heredity, 95: 206-215.* In ttp://en.wikipedia.org/wiki/Hippopotamus

Okoumassou K., Durlot S., Akpamou K. et Segniagbéto H. 2004. Impacts humains sur les aires de distribution et couloirs de migration des éléphants du Togo. *Pachyderm* 36 : 69-79.

Oliver R.C.D. et Laurie W.A., 1974. Habitat utilization by Hippopotamus in the Mara River. *E. Afr. Wildl. J., 1974, vol 12, p. 249-271.*

Ouattara A. 1998. Migration, urbanisation et développement au Burkina Faso, les travaux de l'UERD n°8, Université de Ouagadougou, faculté des langues, lettre, des arts, des sciences humaines e sociales, Ouagadougou, 34 p.

Ouédraogo M. 2001. Les populations de buffles *(Syncerus caffer brachycheros)* au Ranch de Gibier de Nazinga (Communication présentée au séminaire sur la recherche scientifique à Nazinga: quelles perspectives?); 12 p

Ouédraogo M. 2005. Régulation de la dynamique des populations de buffles (Syncerus caffer Sparrman) et de waterbucks (Kobus ellipsiprymnus Ogilby) et moyens de gestion à mettre en œuvre pour préserver l'équilibre des communautés végétales dans le ranch de Nazinga (Burkina Faso). Thèse de doctorat de la FUSAGx. 232p+ Annexes.

Ouédraogo M. et Ripama T. 2009. Recensement général de la population et de l'habitation (RGPH) de 2006. Analyse des résultats définitifs : état et structure de la population. SP/CONAPO, INSD. Burkina Faso. 118 p.

Ouédraogo R. L. 1994. Etude de la végétation aquatique et semi-aquatique de la mare aux hippopotames et des mares d'Oursi et de Yomboli (Burkina Faso); Thèse de doctorat de 3ème cycle, FA.S.T., Université de Ouagadougou. 191 p

Packer C., Ikanda D., Kissui B. et Kushnir H. 2006. L'Écologie des Lions Mangeurs de l'Homme en Tanzanie. *Nature & Faune Vol. 21, Edition 2. p11-16.*

Portier B. et Lungreen C. 2007. La faune et le ranching au Burkina Faso. In : Nazinga. Delvingt W. et Vemeulen C. (Eds). Les Presses agronomiques de Gembloux ; p 33-41.

Pujol R. 1985. L'ethnozoologie au muséum national d'histoire naturelle. Communication du 13 octobre. *Anthropozoologica*, n° 2.

Roman B. 1966. Les poissons des hauts-bassins de la Volta. *Annales du Musée Royal de l'Afrique Centrale*, Sciences Zoologiques, Série 8:150-191.

Roman B. 1980. Serpents de Haute Volta; CNRST, Ouagadougou. 129 p.

Sam M.K., Haziel C.A.K. and Barnes R.F.W. 2002. Crop damage by elephants in the red Volta area during the 1997 harvesting season. In: *Human-Wildlife Conflict: Identifying the Problem and Possible Solutions (Albertine Rift Technical Report Series)*. Hill C, Osborn F, Plumptre A.J. (Eds). *Wildlife Conservation Society* 1:127-136

Sanou O. M. 1998. Pauvreté et marché du travail à Ouagadougou (Burkina-Faso). Ouagadougou. INSD, IES. [En ligne]. Disponible au World Wide Web < http://www.burkinaonline.bf/burkina/burkina.htm> consulté le15 mai 2003.

Sournia G. 1990. Les aires de conservation en Afrique francophone: aujourd'hui et demain espaces à protéger ou espaces à partager? Cahier d'Outre-mer, 42(172).

Spinage C. A. 1982. A territorial antelope: the Uganda waterbuck. London, New York, Toronto, Sydney, San Francisco. *Academic Press*, 325 p.

Stauch A. 1981. Mammifères. In : Flore et faune aquatiques de l'Afrique Sahelo-Soudanienne, tome 2 (eds. J.R. Durand et C. Lévêque), Paris, *ORSTOM-IDT 45, p841-847*.

Taïta P. 1997. Contribution à l'étude de la flore et de la végétation de la réserve de la biosphère de la mare aux hippopotames (Bala, Ouest du Burkina Faso). Thèse de doctorat de troisième cycle. Université de Ouagadougou. 137 p+annexes.

Téhou A.C. et Sinsin B. 1999. Ethologie et écologie des troupeaux d'éléphants (*Loxondonta Africana*) de la zone cynégétique de la Djona au Bénin. *Nature et faune 15 : 4 -61.*

Vermeulen C. 2001. Aires protégées et accroissement démographique. *Canopée, (*20): 10-12.

Vermeulen C. 2004. Community-based wildlife management in Burkina Faso: the experiments of the Nazinga Ranch and W park. *Game and Wildlife Science* 21 (3): 313-326.

Yaméogo G. U. 1999. Contribution à l'étude du feu comme outil de gestion des aires protégées. Cas des feux tardifs dans le RN, (BF) ; 118 p.

139

Documents consultés

Aka K. L., Aké N. A., Konan K. B., Ottémé G. et Yaro I. 1981. Aménagement intégré du parc de la Maraboué. Mémoire de fin d'étude. 4ᵉ promotion. Ia/Bouaké/République de Côte D'Ivoire, 168 p.

APFC et IGF. 2005. Suivi écologique de la grande faune dans les zones de chasse. 2005 : mise au point d'une méthode en action de chasse. APFC, Bangui et IGF, Paris ; 41p.

Bakyono E. et Bortoli L. 1985 : Rapport de Mission à la Mare aux Hippopotames du 25 au 30 novembre 1985, IRBET, 5 p.

Bélemsobgo U. 2000. Résultats préliminaires de l'inventaire pédestre de la faune réalisé au ranch de gibier de Nazinga du 17 au 22 avril 2000. Rapport d'analyse des données. 30 p.

Bélemsobgo U., N'ganga I. et Kaboré A. 1997. Résultats préliminaires de l'inventaire pédestre des grands mammifères diurnes au anch de Nazinga. 9 p.

BERD. 2004. Diagnostic des ressources en eau de la mare de la Réserve de la Biosphère de la Mare aux Hippopotames. Rapport provisoire. PAGEN /UCF-Hauts Bassins ; Burkina Faso.

Bognounou O. 1979. Etat du MAB en Haute Volta. Document Ronéo ; CNRST, Ouagadougou.

Bognounou O. et Kabré S. 1978. Rapport de mission de la délégation voltaïque à la 5ᵉᵐᵉ session du CIC du programme MAB/UNESCO. Bulletin de la Commission Nationale pour l'UNESCO n° 2/78.

Bonkoungou G. E. 1981. Rapport de mission sur la participation aux activités communautaires du 10ᵉᵐᵉ anniversaire du programme MAB/UNESO. Paris.

Bunasol. 1985. Guide pour le terrain : 7ᵉᵐᵉ réunion du sous-comité d'évaluation des terres du 10-17/11/1985. Ouagadougou, Burkina Faso; 58 p.

Chardonnet P. 2007. Capture de buffles en hélicoptère et pose de colliers emetteurs au parc régional du W, Bénin-Burkina Faso-Niger. Rapport de mission. ECOPAS, CIRAD, Fondation IGF. 14 p + annexe.

CICRED. 2006. Mobilité spatiale de la population: nécessité de développement et de risques de dégradation de l'environnement dans l'Est et le Sud-Ouest du Burkina Faso. Rapport final. Convention PRIPODE. CICRED-INSS BF5.

CNRST 1995. Plan stratégique de la recherche scientifique; Burkina Faso. 402 p.

CONAGESE. 1999. Monographie nationale sur la diversité biologique du Burkina Faso. MEE.

CONAPO. 2000. Politique Nationale de Population, *Ministère de l'Economie et des Finances*, Burkina Faso, révision n°1, Ouagadougou, 66 p.

Cornelis D. 2000. Analyse du monotoring écologique et cynégétique des populations des principaux Ongulés au ranch de gibier de Nazinga (Burkina Faso); mémoire de DEA en sciences agronomiques et ingénierie biologique, FUSAGx; 99 p + annexes.

Coulibaly I. 1983. Rapport de mission à Bamako dans le cadre de la session de formation sur les problèmes d'aménagement et de gestion des ressources de la biosphère. MET ; Ouagadougou.

Coulibaly ND. 2006. Valeurs socioculturelles du poisson : thérapie et mysticisme. *Carrefour Africain* 1128 :18

Coulibaly N. D. et Millogo A. N. 2007. Faune ichtyologique de la mare aux hippopotames dans la Réseve de Biosphère de Bala (Burkina Faso) : diversité et importance socio-économique. Rapport technique. INERA/CNRST. Ouagadougou, Burkina Faso ; 18 p.

Coulibaly N. D., Bélem A. M. G. et Dibloni O. T. 2008. *Paramphistomum sp.*, parasite de l'hippopotame commun du fleuve Sourou au Burkina Faso : premiers résultats d'enquête. INERA/CNRST. Ouagadougou, Burkina Faso. 10 p.

Dahani K. C. 2007. Faisabilité d'un corridor entre la Forêt Classé de Maro et la Réserve de Biosphère de la Mare qux Hippopotames. Mémoire IDR. UPB ; 52 p + Annexes.

Délégation de la Commission Eurpéenne. 2006. Profil Environnemental du Burkina Faso. Rapport Final ; Agreco, UE ; 51 p.

Dibloni O. T. 2003. Dynamique des populations d'hippotragues (*Hippotragus equinus*) *e*t de bubales (*Alcelaphus buselaphus)* au Ranch de Gibier de Nazinga (Burkina Faso). Mémoire de DEA ; FUSAGx/Belgique, 78 p+ Annexes.

ENGREF. 1989. Réserve de la Biosphère de la Mare aux Hippopotames. Etude préalable à un aménagement de la réserve et de sa zone périphérique. UNESCO/MAB, MEE, Burkina Faso; 111 p + Annexes.

Gomgnimbou M. et Bonou GB. 1996. Etude socio-économique de la situation migratoire des villages riverains de la Réserve de la Biosphère de la Mare aux Hippopotames. *Rapport atelier DREEF-HB/INERA*, 20-21 octobre 1997, Bobo-Dioulasso

Hébié L. 2007. Contribution au suivi de la dynamique des éléphants de la Réserve de Biosphère de la Mare aux Hippopotames (Burkina Faso). Rapport de stage Master 2. Université Montpellier II ; CIRAD. 47 p + Annexes.

Hien B. Doamba B. et Ouédraogo M. 2002. Module de formation au recensement éléphant, MECV/ Ranch de Gibier de Nazinga, 14 p

IGB. 2002. *Base nationale de données topographiques*. Burkina Faso

INSD. 2004. Enquête démographique et de santé de 2003. *Rapport de synthèse*, 455 p.

Kafando P. 2002. Etude des structures d'âges et de groupes de bubales (*Alcelaphus buselaphus* major) et d'Hippotragues (*Hippotragus equinus*) dans la Forêt classée et réserve Partielle de Faune de Comoé-léraba (Burkina Faso) ; Mémoire de DES inter universitaire (Ulg-MV/FUSAGx), 90p.

Konaté K. 2008. Un parc, trois pays. Résultats du programme parc W / ECOPAS, période 2001 – 2008. Communication à l'atelier de restitution du 27 juin 2008.

Maldagué M. 1986. Projet de Réserve de la Biosphère de la Mare aux Hippopotames. Rapport de consultation au Burkina Faso. UNESCO, 39 p.

MECV. 2006. Programme cadre de gestion durable des ressources forestières et fauniques au Burkina Faso (2006-2015) : composante gestion de la faune et des aires de protection faunique. Burkina Faso. 86 p.

Michez A. 2006. Etude de la population d'hippopotames (*Hippopotamus amphibius* L.) de la rivière Mouena Mouele au Parc National du Loango-Sud (Gabon).Travail de fin d'études de bioingénieur ; FUSAGx ; 96 p.

Nakandé A. 2004. Contribution à la mise en place d'un programme pilote de conservation intégrée des éléphants dans la réserve partielle de faune de Pama ; conflits hommes-éléphants et coprologie des parasites. Mémoire de fin d'étude IDR ; Université polytechnique de Bobo Dioulasso. 74 p + annexes.

Nandnaba S. 1995. Etude de l'occupation des berges dans la vallée du Sourou. Mémoire d'IDR, Université de Ouagadougou. 92 p + Annexes

N'do G. 1995. Structure et dynamique de la population d'hippotragues (Hippotragus equinus) dans le ranch de gibier de Nazinga ; mémoire IDR, Université de Ouagadougou, 68 p+Annexes

Ouadba J-M., Zampaligré I., Sawadogo J-P., Ouédraogo S. R. et Toé J. 2005. Evaluation de la gestion des concessions des zones à vocation faunique au Burkina Faso. BBEA ; PAGEN/MECV, Burkina Faso. 103 p+Annexes.

Ouoba D. 2008. Potentialités faunique et floristique des réserves de faune de Bontioli au sud-Ouest du Burkina Faso. Mémoire IDR/UP Bobo Dioulasso. 60p + Annexes

Poda C. 1995. Etude de la structure et la dynamique de la population de phacochères dans le ranch de gibier de Nazinga". 67 pages + annexes

Poda J.N. 1997. Le Programme de l'Homme et la Biosphère (MAB) et la Réserve de Biosphère de la Mare aux Hippopotames du Burkina Faso : Etat des lieux et perspectives de renforcement. Document de travail. CNRST, Burkina Faso. 67 p.

Poda J.N., Bélem M., Ouédraogo A. et Millogo Z. 2008. Projet régional sur le Renforcement des capacités scientifiques et techniques pour une gestion effective et une utilisation durable de la diversité biologique dans les réserves de biosphère des zones arides et semi arides d'Afrique de l'Ouest. Communication à l'Atélier de Clôture PNUE/GEF- MAB/UNESCO, *du 23 au 27 juin 2008* à Paris (France).

Portier B. et Hien B. 2001. Module de formation n°14: Formation à l'inventaire pédestre 2001 de la grande faune mammalienne du Ranch de Gibier de Nazinga; RGN/APEFE; 15p.

Poussy M. et Bakyono E. 1991. Aménagement de l'habitat de l'hippopotame. Mare aux hippopotames. Rapport d'exécution du Projet UNESCO/BREDA-IRBET/CNRST, Ouagadougou. 40 p.

Ramsar. 2002. Rapport de synthèse sur l'application de la Convention et de son Plan stratégique 1997-2002 : Afrique. 8e Session de la Conférence des Parties contractantes à la Convention sur les zones humides (Ramsar, Iran, 1971) sur le thème *«Les zones humides: l'eau, la vie et la culture» du 18 au 26 novembre 2002.* Valence, Espagne.

Raondry Rakotoarisoa N. 2009. Aperçu sur le programme de l'homme et la Biosphère (MAB). Communication à l'atelier international sur les Réserves de Biosphère Transfrontalière (RBT) en Afrique de l'Ouest tenu du *16 au 17 février 2009 à Bamako au Mali.*

Saley H. 2005. Gestion de l'interface écologique Faune/Population pour un développement local durable : cas des hippopotames du lac du barrage de Bagré. Mémoire IDR ; UNIVERSIT2 Polytechnique De Bobo Dioulasso. 94 p + Annexes.

SP/CONAGESE. 2002. Rapport sur l'état de l'environnement au Burkina Faso.1ère édition. MECV ; Burkina Faso. 174 p.

Traoré L. 2005. Rapport sur la situation des hippopotames dans la vallée du Sourou. DRECV/Boucle du Mouhoun ; Dédougou. 10 p.

UCF/HB. 2004. Etude d'inventaire de la population d'*Hippopotamus amphibius* de la Réserve de Biosphère de la Mare aux Hippopotames. PAGEN/MECV, Burkina Faso. 19 p.

UCF/HB. 2005. Rapport d'inventaires 2005 des mammifères diurnes dans la Réserve de Biosphère de la Mare aux Hippopotames. PAGEN/MECV, Burkina Faso. 41 p.

UCF/HB. 2009. Aperçu sur l'état d'exécution du PAGEN dans la région des Hauts Bassins de Avril 2003 à Décembre 2007. Communication à l'atélier SUMAMAD du 2 octobre 2009 Satiri, Bobo Dioulasso/Butkina Faso.

UICN. 1994. Lignes directrices pour les catégories de gestion des aires protégées. Commission des parcs nationaux et des aires protégées de l'Union mondiale pour la nature, avec l'assistance du Centre mondial de la surveillance continue de la conservation. 102 p.

UICN. 1999. Parks for biodiversity: policy guidance based on experience in ACP countries. Prepared par la Commission Mondiale pour les Aires Protégées pour l'UICN. Brussels et UICN, Gland, Switzerland and Cambridge, U.K.

UICN. 2006. Liste rouge de l'UICN des espèces menacées. Disponible au «http://www.developpement-durable-lavenir.com/2006/05/03/liste-rouge-de-l-iucn-des-especes-menacees-2006» consulté le 30 janvier 2007.

UNESCO. 1996. Réserves de biosphère. La Stratégie de Séville et le Cadre statutaire du Réseau mondial. MAB-UNESCO, Paris. 20 p.

Yaokokoré-Béibro K.H. 1995. Contribution à l'étude Ethnozoologique de la forêt classée de Badénou (Korhogo) : cas des Mammifères. Mémoire de D.E.A. d'Ecologie Tropicale, Université d'Abidjan, 55 p.

Annexes

146

Annexe I : Pluviométrie et température de la ville de Bobo Dioulasso de 1999 à 2008

Pluviométrie (mm)

Années	Jan	Fév	Mar	Avr	Mai	Juin	Juil	Aoû	Sep	Oct	Nov	Déc	TOTAL
1999	0,0	0,0	24,5	54,6	108,1	99,7	152,8	264,1	239,8	119,9	2,7	0,0	1066,2
2000	1,8	0,0	1,8	20,4	106,4	208,8	232,1	322,6	218,4	59,4	0,0	0,0	1171,7
2001	0,0	0,0	26,8	21,6	64,0	130,2	147,8	300,8	150,8	76,8	5,7	0,0	924,5
2002	0,0	0,0	27,1	47,6	46,3	72,5	175,7	218,7	166,5	53,2	0,0	0,0	807,6
2003	0,0	0,0	17,5	93,9	101,3	107,8	297,1	412,3	74,7	50,3	0,8	0,0	1155,7
2004	0,0	0,1	19,2	50,5	100,9	98,0	252,2	157,3	102,3	45,2	14,9	0,0	840,6
2005	0,0	5,1	16,0	11,1	55,1	157,7	130,0	160,8	248,2	34,9	0,0	0,0	818,9
2006	0,0	0,0	0,1	23,8	140,2	154,1	115,9	249,9	276,4	144,6	0,0	0,0	1105,0
2007	0,0	0,0	2,6	94,1	13,9	133,1	304,9	251,2	95,3	24,3	14,4	0,0	933,8
2008	0,0	0,0	2,7	1,2	79,2	84,3	340,9	190,4	286,0	49,1	0,0	0,0	1033,8
Moyenne	0,2	0,5	13,8	41,9	81,5	124,6	214,9	252,8	185,8	65,8	3,9	0,0	985,8

Température (°C)

Années	Jan	Fév	Mar	Avr	Mai	Juin	Juil	Aoû	Sep	Oct	Nov	Déc	MOY
1999	26,3	27,5	30,9	30,1	28,9	28,0	25,3	24,4	24,8	26,3	27,8	25,8	27,2
2000	27,7	26,5	30,5	31,4	29,3	26,8	24,8	24,7	25,1	26,9	27,6	25,9	27,3
2001	26,1	27,5	31,0	31,3	29,4	29,0	25,8	25,1	25,3	27,9	28,0	27,7	27,8
2002	26,1	28,3	32,0	31,0	30,3	27,4	26,7	25,3	26,2	27,6	28,5	26,7	28,0
2003	26,7	30,2	31,0	30,9	29,8	26,7	25,3	24,9	25,4	27,8	28,1	26,1	27,7
2004	27,1	29,4	30,7	31,1	29,4	27,7	25,6	26,0	26,5	28,8	28,7	28,8	28,3
2005	26,1	30,7	32,5	31,9	29,4	27,7	26,3	25,4	26,5	27,9	28,9	27,3	28,5
2006	27,0	29,3	31,6	31,6	29,3	27,7	26,8	26,0	25,9	27,9	27,3	25,5	28,0
2007	25,5	29,1	31,4	30,6	30,2	28,4	26,2	25,0	26,3	28,3	28,2	26,2	28,0
2008	23,6	28,9	31,0	31,6	30,3	27,3	25,7	25,0	25,7	27,6	27,9	26,8	27,9
Moyenne	26,2	28,7	31,3	31,2	29,6	27,7	25,9	25,2	25,8	27,7	28,1	26,7	27,8

Annexe II : LISTE DES OISEAUX 0BSERVES SUR LA MARE ET DANS SES ENVIRONS

FAMILLES / ESPECES	PLAN D'EAU	RIVAGE MARECAGE	ZONE A MYTRAGINA	GALERIE FORESTIERE
PHALAGROCORACIDE				
Phalacrocorax africanus	XXX			
ARDEIDES				
Ixobrychus minutus (Linné)		X		
Ycticorax nycticorax		XXX		
Ardeola ralloides (Scopoli)		XXX		
Ardeola ibis (Linné)		XXX	XXX	
Butorides striatus (Linné)		XXX		
Egretta garzetta (Linné)		XXX		
Ardea cinerea (Linné)		XXX		
Ardea purpurea (Linné)		XX		
SCOPIDES				
Scopus umbretta (Gmelin)		XXX	XX	
ANATIDES				
Dendrocygna bicolor	X			
Dendrocygna viduata	X			
ACCIPITRIDES				
Necrocyrtes monachus			XX	
Gypohierax angolensis			XX	
Circus aeruginosus (Linné)	XX	XXX		
Polyboroides radiatus				X
Terathopius ecaudatus				X
Accipiter badius(Gmelin)			XXX	XX
Kaupifaico monogrammicus		X	X	XX
Butastur rufipennis		X		
Buteo auguralis (Salvadori)		X		
Polemaetus bellicosus				X
Haliaetus vocifer (Daudin)	XXX			X
Milvus migrans (Boddaert)		XXX		
Aviceda cuculoides			X	
Elanus caeruleus			X	
Pandion haliaetus (Linné)	X	X		
FALCONIDES				
Falco ardosiaceus			X	X
Falco tinnunculus (Linné)			X	
PHASIANIDES -				
Francolinus bicalcaratus		XX	XXX	
Ptilopachus petrosus			X	
Numida meleagris (Linné)		X	XXX	

148

Annexe II (suite)

FAMILLES/ESPECES	PLAN D'EAU	RIVAGE MARECAGE	ZONE A MYTRAGINA	GALERIES FORESTIERES
RALLIDES				
Limnicorax flavirostris		xx		
Gallinula chloropus (Linné)		xx		
JACANIDES				
Actophilornis africana		xx		
BURHINIDES				
Burhinus senegalensis		xx		
CHARADRIIDES				
Vanellus spinosus (Linné)		xx		
Vanellus tectus (Boddaert)			xx	
Vanellus senegallus (Linné)			xx	
Tringa glareola (Linné)		x		
Tringa ochropus (Linné)		x		
Tringa hypoleucos (Linné)		x		
PTEROCLIDIDES				
Pterocles quadricinctcus		x	x	
COLUMBIDES				
Streptopelia semitorquata		xx	xx	
Streptopelia decipiens (Hartlaub &		x		
Streptopelia vinacea		.xx	xxx	
Streptopelia senegalensis		xx	xx	
Oena capensis (Linné)		x	x	
Turtur abyssinicus (Sharpe)		xx	xxx	
Treron waalia (Meyer)				xx
PSITTACIDES				
Poicephalus senegalus			xx	xx
Psittacula krameri (Scopoli)			x	xx
MUSOPHAGIDES				
Musophaga violacea (Isert)				xxx
Crinifer piscator (Boddaert)		xx	xx	xxx
CUCULIDES				
Centropus senegalensis		xxx	x	
APODIDES				
Apus affinis (Gray)	x			
Cypsiurus parvus		xx		
ALCEDINIDES -				
Ceryle maxima (Pallas)	x	x		
Ceryle rudis (Linné)	xx	xx		
Alcedo cristata (Pallas)		xx		
Ceyx picta (Boddaert)		xx		
Halcyon senegalensis		xx		
Halcyon malimbica (Shaw)				x

(Source : Poussy et Bakyono, 1991)

149

Annexe III: Liste des poissons pêchés de la Mare de la RBMH

Famille	Espèces signalées par Daget en 1957	Espèces rencontrées en 1989	Espèces rencontrées en 1991	Espèces rencontrées en 2007
Protopteridae				
Protopterus annectens		x		x
Polypteridae				
Polypterus bichir lapradei	x			
Polypterus endlicheri	x	x	x	x
Polypterus senegalus senegalus	x	x		x
Osteoglossidae				
Heterotis niloticus	x	x	x	x
Mormyridae				
Hyperopisus bebe occidentalis	x		x	x
Marcusenius senegalensis		x		
Mormyrus hasselquistii	x			
Mormyrus rume	x	x	x	x
Petrocephalus bovei	x			x
Marcusenius cyprinoïdes			x	
Parophiocephalus obscurus			x	
Gymnarchidae				
Gymnarchus niloticus	x	x	x	x
Characidae				
Alestes baremoze	x			
Brycinus macrolepidotus	x	x		
Brycinus nurse	x	x	x	
Hydrocynus brevis	x			
Hepsetbus odoe			x	
Distichodontidae				
Distichodus brevipinnis	x			x
Distichodus rostratus	x			
Citharinidae				
Citharinus citharus	x			x
Citharinus latus	x			
Cyprinidae				
Barbus ablabes				x
Barbus leonensis	x			
Barbus macrops		x		
Labeo coubie	x			x
Labeo senegalensis	x	x	x	
Bagridae				
Bagrus bajad	x		x	x
Claroteidae				
Auchenoglanis occidentalis	x	x	x	x
Chrysichthys auratus		x		
Clarotes laticeps	x			
Schilbeidae				
Schilbe intermedius	x	x		x
Schilbe mystus			x	
Clariidae				
Heterobranchus bidorsalis	x		x	x
Heterobranchus sp.		x		
Clarias anguillaris	x	x	x	
Clarias gariepinus		x		x
Clarias lazera			x	

150

Annexe III (suite)

Malapteruridae				
Malapterurus electricus		x	x	x
Mochokidae				
Hemisynodontis membranaceus	x	x	x	x
Synodontis clarias	x	x	x	x
Synodontis nigrita	x			x
Synodontis schall	x	x	x	x
Synodontis eupterus			x	x
Poeciliidae				
Micropanchax pfaffi	x			
Poropanchax normani	x			
Aplocheilidae				
Epiplatys bifasciatus	x			
Epiplatys spilargyreus	x			
Channidae				
Parachanna obscura	x	x		x
Centropomidae				
Lates niloticus	x	x		x
Cichlidae				
Chromidotilapia güntheri				x
Hemichromis bimaculatus	x	x	x	x
Hemichromis fasciatus		x	x	x
Oreochromis niloticus	x	x	x	x
Sarotherodon galilaeus	x	x	x	x
Tilapia zillii	x	x	x	x
Anabantidae				
Ctenopoma kingsleyae	x	x	x	x
Tetraodontidae				
Tetraodon lineatus	x	x		x
Tetraodon fahaka			x	
Lepidosirenidae				
Protopterus annectens			x	
Total	42	30	29	37

(Source : Poussy et Bakyono, 1991)

Annexe IV: Indices de braconnage recensés au cours des inventaires pédestres de 2005 à 2007

Indices	2005	2006	2007
Homme et chien	5	3	1
Animal blessé	1	-	-
Carcasse	1	-	-
Four de boucanage	3	1	1
Affûts	12	3	3
Pièges	20	2	2
Douilles	8	3	1
Coup de fusils	12	4	1
Emondage et arbres abattus	40	4	6
Nombre de bœufs	119	86	50
Nombre d'ânes et charettes		5	4
Nombre de mouton et chèvres	20	20	28
Traces de vélos	12	8	5
Miel exploité	2	3	4
Total	**255**	**142**	**106**
TRIB		**44,30%**	**58,40%**

Annexe V: Nombre des espèces animales sauvages totems par patronyme

Espèces de faune	SANOU	OUATTARA	MILLOGO	KONATE	DAO	BAGAGNAN	BADINI	SAWADOGO	BELEM	TOTAL
Crocodile		x	x	x						3
Varan du Nil	x	x	x							3
Gueule tapée					x					1
Tortue			x							1
Python royal			x	x	x	x	x		x	6
Vipère heurtante					x					1
Ecureil		x	x							2
Oryctérope					x					1
Singe				x	x	x				3
Hyéne			x		x					2
Lion			x		x					2
Panthère			x	x				x		3
Porc épic			x							1
Buffle						x				1
Eléphant			x			x				2
Hippopotame			x	x						2
Pintade sauvage			x							1
Francolin		x								1
Total	1	4	12	5	7	4	1	1	1	

153

www.ingramcontent.com/pod-product-compliance
Lightning Source LLC
Chambersburg PA
CBHW021052210326
41598CB00016B/1187